周末就可以完成的钩针编织

刺绣线钩织的节庆迷你玩偶

日本E&G创意 / 编著　张潞慧 / 译

中国纺织出版社有限公司

春天　S P R I N G

夏天　S U M M E R

秋天　AUTUMN

采蘑菇

38 p.16　**39** p.16　**40** p.16

赏红叶

41 p.17　**42** p.17　**43** p.17　**44** p.17　**45** p.17　**46** p.17

赏月

47 p.18　**48** p.18　**49** p.18

秋日水果

50 p.19　**51** p.19　**52** p.19

万圣节

53 p.20　**54** p.20　**55** p.20　**56** p.21　**57** p.21　**58** p.21

冬天　WINTER

圣诞节

59 p.22　**60** p.22　**61** p.22　**62** p.23　**63** p.23　**64** p.23

正月

65 p.24　**66** p.24　**67** p.24　**68** p.25　**69** p.25　**70** p.25

雪人

71 p.26　**72** p.26　**73** p.26

节分

74 p.27　**75** p.27　**76** p.27　**77** p.27

春 天 SPRING

女 儿 节

亲密无间的兔子天皇和兔子皇后。

背部设计

一本正经的
小狗天皇和小狗皇后。

背部设计

制作方法 ... p.34
设计·制作…松本薰

3 小狗天皇　4 小狗皇后

赏花

柔和色调的赏花主题图案分外华丽。

制作方法 ... p.36
设计·制作…冈麻里子

5 三色团子 **6** 樱花 **7** 绣眼鸟

春 花

亦可钩织若干朵喜欢的花做成花束。

制作方法 ... p.37

设计·制作…冈麻里子

8 木茼蒿　**9** 蒲公英　**10** 郁金香

复活节

一脸惊讶的小鸡超级可爱♪，
多样的色彩让人心情愉悦。

制作方法 … p.38（**12,13**） p.39（**11**）

设计·制作…松本薫

11 彩蛋 **12** 兔子 **13** 彩蛋和小鸡

背部设计	一对

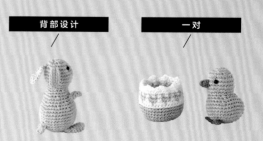

制作方法 ... p.38(**15**)　p.39(**14,16**)　重点课程 ... p.31

设计·制作…松本薫

14·16 彩蛋　**15** 小鸡

夏天 SUMMER

端午节

清风习习的初夏，希望孩子们能像金太郎一样健康茁壮成长。

背部设计　背部设计

制作方法 ... p.40

设计·制作…河合真弓

17 头盔　**18** 金太郎

制作方法 ... p.41　重点课程 ... p.32

设计·制作…河合真弓

19 鲤鱼旗　**20** 菖蒲　**21·22** 柏饼

七夕节

渡过银河再次相遇，
流星守护着织女和牛郎。

制作方法 … p.42(**24,25**)　p.43(**23**)

设计·制作…远藤裕美

23 流星　**24** 牛郎　**25** 织女

海水浴

沐浴着阳光的海面闪闪发光，各色的太阳伞点缀在沙滩上。
戴着用向日葵装饰的草帽去海边吧。

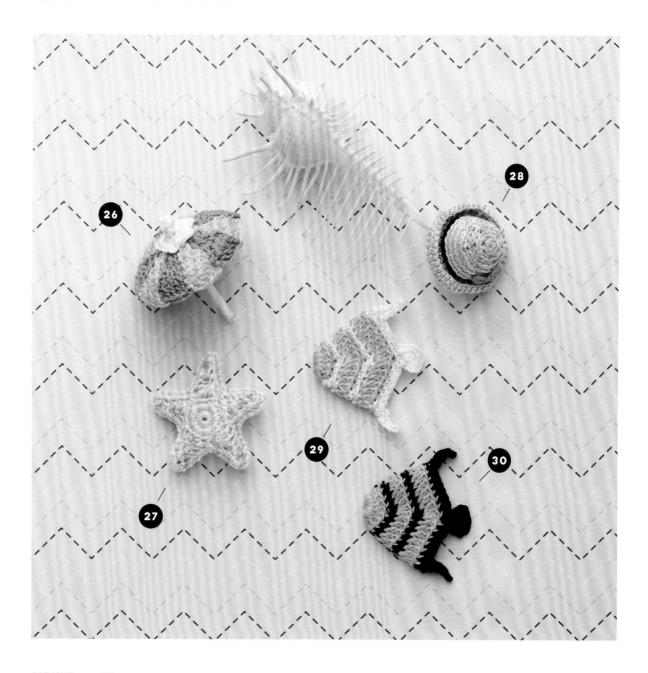

制作方法 ... p.33

设计·制作…藤田智子

26 太阳伞 **27** 海星 **28** 草帽 **29·30** 鱼

夏 日 祭

色彩斑斓的悠悠球和优雅地游着泳的金鱼。
要小心不要弄湿浴衣的袖子哦。

制作方法 … p.44　**重点课程** … p.31

设计·制作…藤田智子

31·32 悠悠球　**33** 金鱼

在照亮夜路的灯笼的灯光中，
被移动小吃车散发的香气所吸引♪。

34

35

36

37

正面设计

制作方法 ... p.44（34） p.45（35、36） p.46（37）

设计·制作…藤田智子

34 灯笼 **35** 法披 **36** 刨冰 **37** 章鱼烧

秋天 AUTUMN

采蘑菇

圆嘟嘟的可爱蘑菇和刺猬。

制作方法 ... p.46(38,40) p.47(39)

设计·制作…远藤裕美

38·40 蘑菇 **39** 刺猬

赏红叶

用喜欢的颜色钩织叶子
来感受刺绣线色彩丰富的乐趣。

制作方法 ... p.47(41,42) p.48(43~46) 重点课程 ... p.32

设计·制作···河合真弓

41 枫树 42 银杏树 43~46 银杏叶

赏 月

供奉芒草和团子的组合，
和浮现兔子形状花纹的月亮。

制作方法 ... p.48（47,49） p.49（48）

设计·制作…冈麻里子

47 芒草　**48** 月亮　**49** 团子

秋 日 水 果

既可以做迷你装饰，

也可以让小朋友用来玩过家家的游戏。

制作方法 … p.49

设计·制作…冈麻里子

50 苹果 **51** 葡萄 **52** 柿子

万圣节

这是几款特别让人感到亲切的装饰,
如果不给我钩的话我就捣蛋咯♪!

53

54

55

制作方法 ... p.50(54) p.51(53,55)

设计·制作…编织牧场

53 蝙蝠 **54** 幽灵 **55** 南瓜

制作方法 ... p.50(**56**) p.51(**57**) p.52(**58**)

设计·制作…编织牧场

56 幽灵 **57** 黑猫 **58** 南瓜

冬天 WINTER

圣诞节

作为冬季一项重要活动，
用稍微成熟些的装饰
把房间布置出时髦感吧。

制作方法 ... p.52(59) p.53(60,61)

设计·制作…远藤裕美

59 姜饼人 **60** 圣诞老人 **61** 驯鹿

制作方法 ... p.54(**62,63**) p.55(**64**)

设计·制作…远藤裕美

62·64 圣诞树　**63** 铃铛

正 月

做好今年年末一起用钩织小物
来轻松愉快地迎接新年的准备了吗？

制作方法 ... p.55（**65**）　p.56（**66,67**）

设计·制作…编织牧场

65 镜饼　**66** 达摩不倒翁　**67** 富士山

把玄关装饰得华丽丽的，祈求来年一切顺利。

制作方法 ... p.57

设计·制作…编织牧场

68 陀螺　**69** 界绳　**70** 松竹梅

雪人

身着冬季流行款的时尚雪人三兄弟。
一定要钩织三个哦。

制作方法 ... p.58　重点课程 ... p.32

设计·制作··编织牧场

71~73 雪人

节 分

驱鬼魔，招福神~♪，笑嘻嘻的女丑角和红鬼、青鬼都十分可爱。

完成后再加上鬼怪很怕的沙丁鱼和柊树叶。

制作方法 ... p.59

设计·制作⋯编织牧场

74 女丑角　**75** 红鬼　**76** 青鬼　**77** 沙丁鱼和柊树叶

在此介绍一下本书中使用的 DMC 刺绣线颜色样本。
希望这些漂亮且丰富的色彩变化能够帮助你的创作。

※ 图片与实物等大

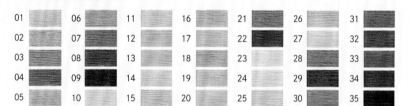

25号刺绣线
渐变色系列线
Light Effect 系列线

25号刺绣线
100%棉　1支/8m　500色 +16种新色

渐变色线
100%棉　1支/8m　60色

Light Effect系列线
100%腈纶　1支/8m　36色

＊ 各线从左开始依次为材质 - 线长 - 色号。
＊ 色号以2017年11月市场为准。
＊ 由于印刷原因，有时会存在色差。

● 25号刺绣线新色号

01	06	11	16	21	26	31
02	07	12	17	22	27	32
03	08	13	18	23	28	33
04	09	14	19	24	29	34
05	10	15	20	25	30	35

● 25号刺绣线颜色样本

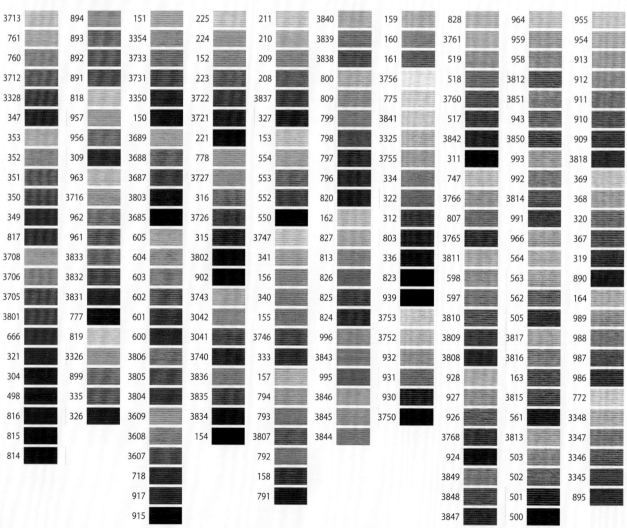

3713	894	151	225	211	3840	159	828	964	955
761	893	3354	224	210	3839	160	3761	959	954
760	892	3733	152	209	3838	161	519	958	913
3712	891	3731	223	208	800	3756	518	3812	912
3328	818	3350	3722	3837	809	775	3760	3851	911
347	957	150	3721	327	799	3841	517	943	910
353	956	3689	221	153	798	3325	3842	3850	909
352	309	3688	778	554	797	3755	311	993	3818
351	963	3687	3727	553	796	334	747	992	369
350	3716	3803	316	552	820	322	3766	3814	368
349	962	3685	3726	550	162	312	807	991	320
817	961	605	315	3747	827	803	3765	966	367
3708	3833	604	3802	341	813	336	3811	564	319
3706	3832	603	902	156	826	823	598	563	890
3705	3831	602	3743	340	825	939	597	562	164
3801	777	601	3042	155	824	3753	3810	505	989
666	819	600	3041	3746	996	3752	3809	3817	988
321	3326	3806	3740	333	3843	932	3808	3816	987
304	899	3805	3836	157	995	931	928	163	986
498	335	3804	3835	794	3846	930	927	3815	772
816	326	3609	3834	793	3845	3750	926	561	3348
815		3608	154	792	3844		3768	3813	3347
814		3607		158			924	503	3346
		718		791			3849	502	3345
		917					3848	501	895
		915					3847	500	

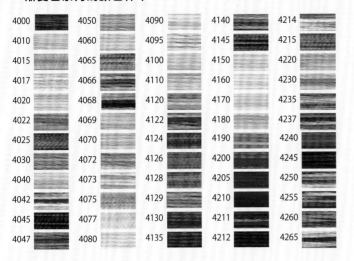

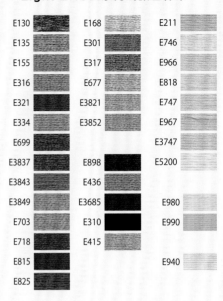

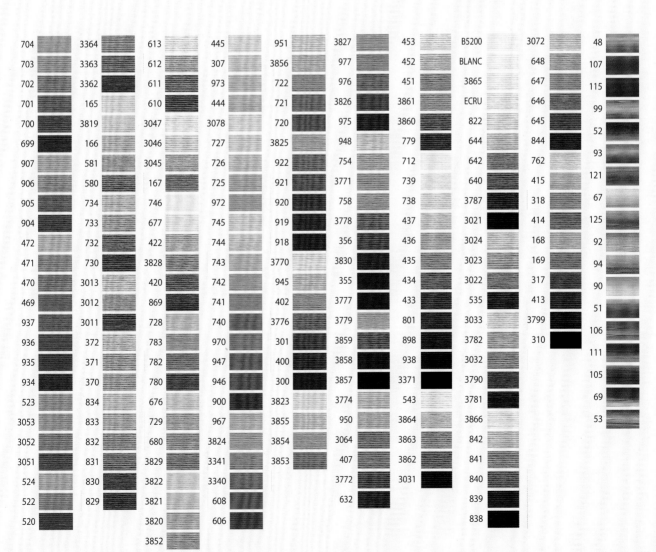

基础课程

刺绣线的整理方法

1 取出线头。轻轻压着线左侧，然后缓缓抽出线头即可顺利取出。

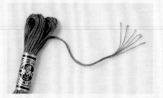

2 25号刺绣线为6股细线为1根，本书作品全部使用6股1根的粗细来钩织。

3 标签上标注了色号。为方便补充购买同色系线，最好不要扔掉标签。

分线

本书中涉及到将1根线（6股）分为3股作为1根使用时会标示为分线。例如在将各个部分缝合时需要细线来完成时。将线在30cm处剪切，向反向捻搓即可很容易分开。

钩织短针包裹铁丝的方法

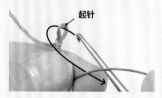

起针

1 先钩织最开始的一针（参照p.60），如图入针，按箭头方向钩出。

钩出针

2 在针上挂线，按箭头方向引拔钩出。

立针完成

3 此处完成1针锁针立针。按箭头方向开始钩织，将线挂在针尖后按图示方向包裹着铁丝引出。

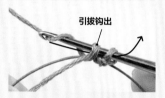

引拔钩出

4 再一次在针尖挂线后按图示方向引拔钩出2个线圈。

将铁丝插入茎的钩织方法

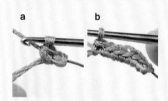

a　b

5 钩织1针短针（a）。重复步骤**3·4**，一边将线钩织到铁丝上，一边钩织短针。图为钩织了6针短针的样子（b）。

花萼

1 从花或者是花萼的下侧中心位置（※此处以花萼为例）穿过铁丝后缝合固定。在同样位置穿针后挂线引出，再次挂线，收尾。

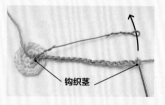

钩织茎

2 用锁针钩织指定数量的针数作为茎。

3 按照步骤**2**图示位置将针尖插入铁丝环内，挂线后引拔完成锁针1针的钩织。

4 完成1针锁针。继续按照图示将铁丝绕线，从起针的锁针里山入针后钩织短针。

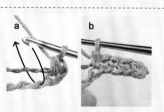

a　b

5 1针短针完成（a）。同样一边在铁丝上绕线，一边钩织短针。图为钩织了5针短针的样子（b）。

6 钩织指定针数的短针后，将茎开始的位置和结束的位置从花萼下侧中心位置缝合收尾。

7 茎完成后固定在花萼上的样子。

重点课程

16 彩图 … p.9　制作方法 … p.39

提花的配色线更换方法（短针为例）

1 图中为第8行短针的第1针的位置。此时要将配色线（橙色）挂在钩针上，钩针处挂上主线（蓝色）按图示方向引拔编织。

2 钩完第1针短针，橙色线被包裹在短针中。

3 接下来是完成第2针的短针后替换成橙色引拔钩织。

4 2针短针完成后的样子。

5 接下来用橙色包裹着蓝色钩织1针。

6 接着钩织2针橙色，再从第2针短针最后引拔处按照步骤**3**同样方法换蓝色线。

7 引拔完后钩织了3针橙色的样子。

8 同样方法"在换线的前一针短针最后引拔处换线"。

9 第9行也从蓝色开始钩织，最后引拔针将橙色线和蓝色线一起挂线引拔。

10 引拔后，第8行就钩织好了。

11 第9行、第10行与第8行的方法相同。第11行时从橙色开始钩织，最后用橙色线和蓝色线一起引拔。

12 引拔后第10行的样子。

33 彩图 … p.14　制作方法 … p.44

正面挑针的扭短针的钩织方法

1 按图示钩织到第2圈的位置，按箭头方向"从前1行由后向前入针"。

2 挂线钩织短针。

3 1针扭短针完成。

4 图中为钩织到第3圈的位置。第3行挑上一行的半个锁针钩织条纹针。

20 彩图 … p.11　制作方法 … p.41

提花的配色线更换方法（长针为例）

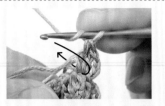

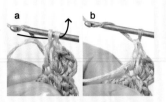

1 图为花瓣的第3行中第2针长针最后的引拔针位置。长针完成前换成配色线（黄色）引拔。

2 图中是引拔后第2针长针完成的样子。按箭头方向入针，用黄色线钩织1针长针。

3 黄色线钩织的长针完成的样子。按箭头方向入针钩织长针至最后引拔前的位置。

4 换成主色线（紫色）钩最后的引拔针（a）。图为引拔后2针黄色长针钩织完成的样子。继续用紫色线钩织3针长针（b）。

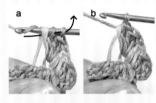

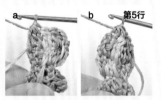

5 钩织3针长针至最后引拔位置时与黄色线一起挂线引拔（a）。引拔后完成3针紫色长针的样子（b）。

6 开始钩织花瓣第4行，钩织黄色线同时将紫色长针2针并1针钩织。

7 长针2针并1针完成后换紫色线引拔。

8 第4行与第3行同样配色（a）。钩短针3针并1针，花瓣完成（b）。

43 ~ **46** 彩图 … p.17　制作方法 … p.48

挑半针卷针缝合

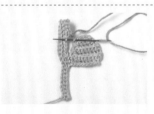

1 从开口部分的左右两侧的内侧挑半针。在第1针位置穿2次线。

2 从下一针开始各穿1次线。

3 在缝合至最后一针后从织物反面出针。

4 整理线头。

73 彩图 … p.26　制作方法 … p.58

挑针卷针缝合

1 将织物的两侧重合，从左右两侧挑针。在第1针位置穿2次线。

2 从下一针开始两侧各穿1次线。

3 缝合数针后的样子。

4 缝合完一圈后将针穿过织物做藏线处理。

制作方法

彩图 ... p.13

26

线 25号刺绣线
蓝色（3844）·黄色（307）·
白色（3865）...各1支
其他 牙签...1根
针 0号钩针

伞 黄色 5片
　 蓝色 5片

伞头 白色

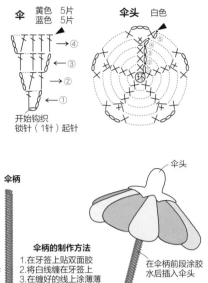

开始钩织
锁针（1针）起针

黄色线和蓝色线
各5片交错排列
翻转后在反面缝合

蓝色线
黄色线

把伞头缝在伞
的中央位置

6cm

伞柄

伞柄的制作方法
1.在牙签上贴双面胶
2.将白线缠在牙签上
3.在缠好的线上涂薄薄
一层胶水固定

伞头

在伞柄前段涂胶
水后插入伞头

伞头

27

彩图 ... p.13

线 25号刺绣线
浅黄色（746）...2支、
浅绿色（3813）...1支
针 0号钩针

淡黄色 2片

锁针（6针）

环

●=针脚位置

将2片海星正面朝外卷针
缝合，途中填充手工棉。

只在正面采用法式结
（卷2次）绣出针脚。
（参照p.63）

5cm

28

彩图 ... p.13

线 25号刺绣线
米黄色（739）·黑色（310）·
金黄色（972）...各0.5支
针 0号钩针

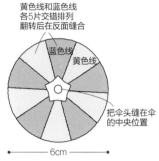

4行
缝花
2cm

花 橙色

环
环

—=米色
—=黑色
X=短针条纹针

29·30

彩图 ... p.13

线 25号刺绣线
29 黄色（973）·白色（3865）...各1支
30 黄色（973）·黑色（310）...各1支
针（通用） 0号钩针

29 { —=黄色
　　 —=白色

30 { —=黄色
　　 —=黑色

X=短针条纹针
|=长针条纹针

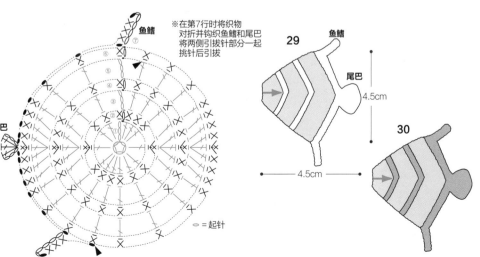

鱼鳍
尾巴

※在第7行时将织物
对折并钩织鱼鳍和尾巴
将两侧引拔针部分一起
挑针后引拔

=起针

29
鱼鳍
尾巴
4.5cm

30
4.5cm

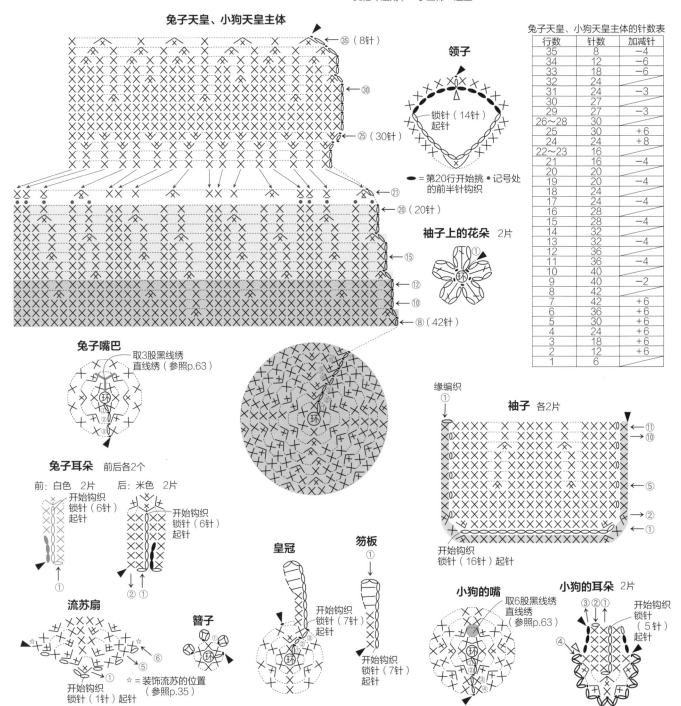

① · ② · ③ · ④ 彩图 ... p.4,5

线　25号刺绣线
1 兔子天皇 蓝色（518）…2.5支、米色（3033）…2支、藏蓝色（311）…1.5支、绿色（704）、白色（3865）·土黄色（977）·黑色（310）…各0.5支
2 兔子皇后 深粉色（150）…2.5支、米色（3033）…2支、红色（150）…1.5支、白色（3865）·黄色（743）·橙色（3854）…各0.5支、黑色（310）…少许

3 小狗天皇 绿色（3819）…2.5支、白色（3865）…2支、青绿色（3808）…1.5支、浅蓝色（503）·浅黄色（745）·土黄色（977）·黑色（310）…各少许
4 小狗皇后 橙色（3854）…2.5支、白色（3865）…2支、紫色（3834）…1.5支、浅粉色（3779）·深粉色（3731）·黄色（743）…各0.5支、黑色（310）…少许
针（通用）　0号钩针
其他（通用）　手工棉…适量

兔子天皇、小狗天皇主体

领子
锁针（14针）起针

●＝第20行开始挑·记号处的前半针钩织

兔子天皇、小狗天皇主体的针数表

行数	针数	加减针
35	8	−4
34	12	−6
33	18	−6
32	24	
31	24	−3
30	27	
29	27	−3
26~28	30	
25	30	+6
24	24	+8
22~23	16	
21	16	−4
20	20	
19	20	−4
18	24	
17	24	−4
16	28	
15	28	−4
14	32	
13	32	−4
12	36	
11	36	−4
10	40	
9	40	−2
8	42	
7	42	+6
6	36	+6
5	30	+6
4	24	+6
3	18	+6
2	12	+6
1	6	

袖子上的花朵 2片

兔子嘴巴
取3股黑线绣直线绣（参照p.63）

兔子耳朵 前后各2个
前：白色 2片　　后：米色 2片
开始钩织 锁针（6针）起针
开始钩织 锁针（6针）起针

缘编织

袖子 各2片
开始钩织 锁针（16针）起针

流苏扇
开始钩织 锁针（1针）起针
☆＝装饰流苏的位置（参照p.35）

簪子

皇冠
开始钩织 锁针（7针）起针
开始钩织 锁针（7针）起针

笏板
开始钩织 锁针（7针）起针

小狗的嘴
取6股黑线绣直线绣（参照p.63）

小狗的耳朵 2片
开始钩织 锁针（5针）起针

		1 兔子天皇	2 兔子皇后	3 小狗天皇	4 小狗皇后
主体	1行~12行	深蓝色	红色	青绿色	紫色
	13行~20行	蓝色	深粉色	绿色	橙色
	21行~35行	米色	米色	白色	白色
袖子		蓝色	深粉色	绿色	橙色
花朵		白色	白色	浅黄色	浅粉色
嘴巴		白色	白色	白色	白色
耳朵		前：白色 后：米色	前：白色 后：米色	白色	白色
领子		绿色	橙色	水蓝色	深粉色
皇冠		黑色		黑色	
笏板		土黄色		土黄色	
流苏扇			黄色		黄色
簪子			黄色		黄色

流苏扇流苏的制作方法

取6股3cm的线对折，穿过☆位置后留出1cm长度后整理好　黄色

兔子耳朵的整理方法

将2片下侧对齐后重叠，将重叠位置缝合一圈

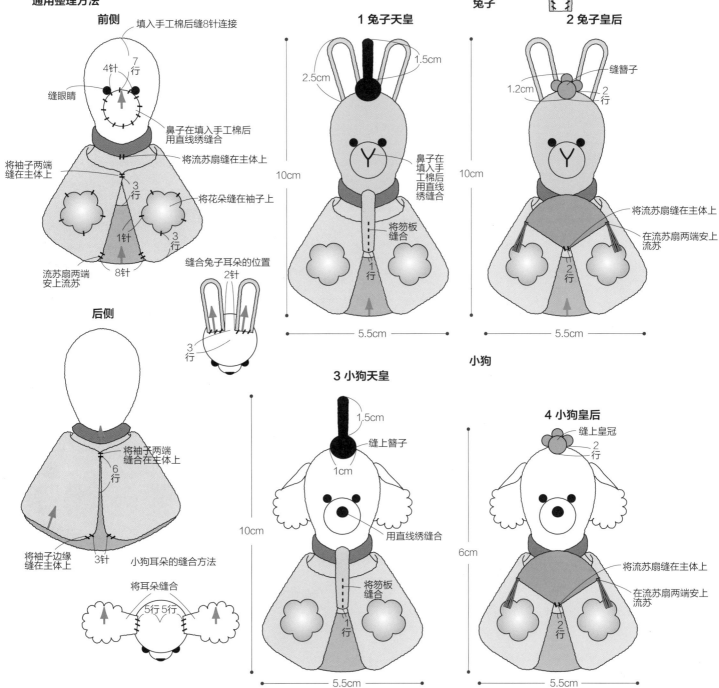

通用整理方法

前侧

填入手工棉后缝8针连接

7行　4针

缝眼睛

鼻子在填入手工棉后用直线绣缝合

将袖子两端缝在主体上

将流苏扇缝在主体上

将花朵缝在袖子上

3行　3行

1针　8针

流苏扇两端安上流苏

缝合兔子耳朵的位置　2针

3行

后侧

将袖子两端缝合在主体上

6行

将袖子边缘缝在主体上　3针

小狗耳朵的缝合方法

将耳朵缝合　5行 5行

兔子

1 兔子天皇

2.5cm　1.5cm

10cm

鼻子在填入手工棉后用直线绣缝合

将笏板缝合

1行

5.5cm

2 兔子皇后

缝簪子

1.2cm　2行

10cm

将流苏扇缝在主体上

在流苏扇两端安上流苏

2行

5.5cm

小狗

3 小狗天皇

1.5cm

缝上簪子

1cm

用直线绣缝合

将笏板缝合

1行

10cm

5.5cm

4 小狗皇后

缝上皇冠

2行

将流苏扇缝在主体上

在流苏扇两端安上流苏

6cm

2行

5.5cm

5 彩图 ... p.6

线 25号刺绣线
粉色（761）·白色（B5200）·绿色（3348）…各少许
其他 牙签…1根·手工棉…适量
针 0号钩针

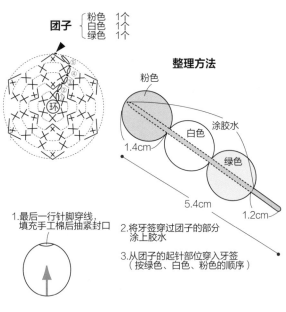

团子 { 粉色 1个
白色 1个
绿色 1个 }

整理方法

粉色
白色
绿色

涂胶水

1.4cm
5.4cm
1.2cm

1.最后一行针脚穿线，
填充手工棉后抽紧封口

2.将牙签穿过团子的部分
涂上胶水

3.从团子的起针部位穿入牙签
（按绿色、白色、粉色的顺序）

---

6 彩图 ... p.6

线 25号刺绣线
粉色（818）…1支·深粉色（3832）·
茶色（779）…各0.5支
其他 花艺铁丝#28…20cm
针 0号钩针

7 彩图 ... p.6

线 25号刺绣线
深绿色（580）…1支·浅绿色（3348）·
浅黄色（445）…各0.5支·白色（B5200）、
黑色（310）…各少许
针 0号钩针

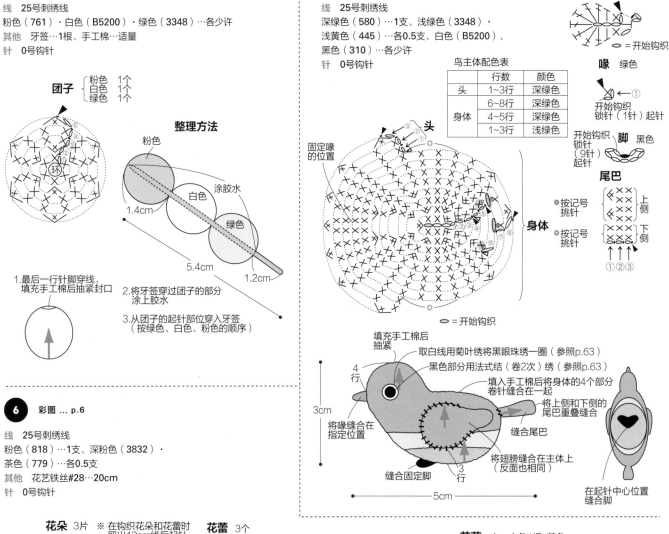

翅膀 深绿色 2片

ᵒ = 开始钩织

喙 绿色
开始钩织
锁针（1针）起针

脚 黑色
开始钩织
锁针（9针）起针

尾巴
ᵒ按记号挑针
ᵒ按记号挑针
上侧
下侧
①②③

鸟主体配色表

	行数	颜色
头	1~3行	深绿色
身体	6~8行	深绿色
	4~5行	深绿色
	1~3行	浅绿色

头
身体

固定喙的位置

ᵒ = 开始钩织

填充手工棉后抽紧
取白线用菊叶绣将黑眼珠绣一圈（参照p.63）
黑色部分用法式结（卷2次）绣（参照p.63）
填入手工棉后将身体的4个部分卷针缝合在一起
将上侧和下侧的尾巴重叠缝合
缝合尾巴
将翅膀缝合在主体上（反面也相同）
将喙缝合在指定位置
缝合固定脚
在起针中心位置缝合脚
4行
3cm
3行
5cm

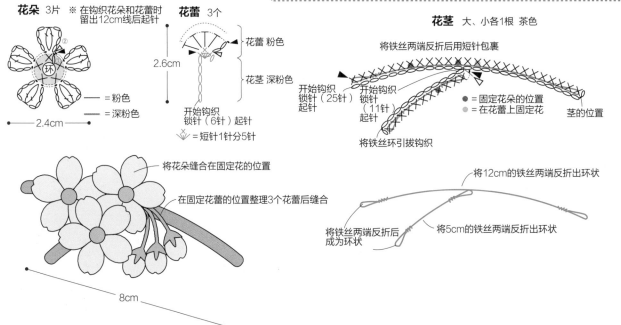

花朵 3片 ※ 在钩织花朵和花蕾时留出12cm线后起针

②
环
— = 粉色
— = 深粉色
2.4cm

花蕾 3个

花蕾 粉色
花茎 深粉色
2.6cm
开始钩织
锁针（6针）起针
= 短针1针分5针

花茎 大、小各1根 茶色
将铁丝两端反折后用短针包裹

开始钩织
锁针（25针）起针
开始钩织
锁针（11针）起针
将铁丝环引拔钩织
● = 固定花朵的位置
● = 在花蕾上固定花
茎的位置

将花朵缝在固定花的位置
在固定花蕾的位置整理3个花蕾后缝合

将12cm的铁丝两端反折出环状
将铁丝两端反折后成为环状
将5cm的铁丝两端反折出环状

8cm

8 彩图 ... p.7

线 25号刺绣线
白色（B5200）…1支、黄色（726）·
深绿色（701）…各0.5支
其他 花艺铁丝＃28…12cm
针 0号钩针

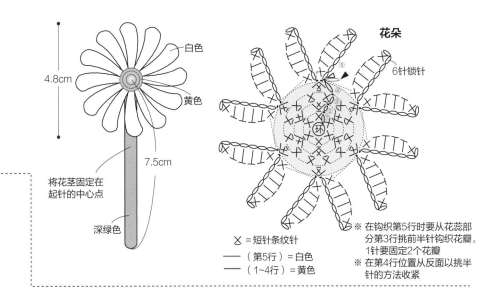

花朵

6针锁针

※ 在钩织第5行时要从花蕊部
分第3行挑前半针钩织花瓣，
1针要固定2个花瓣
※ 在第4行位置从反面以挑半
针的方法收紧

× ＝短针条纹针
——（第5行）＝白色
——（1~4行）＝黄色

将花茎固定在
起针的中心点

4.8cm

7.5cm

白色

黄色

深绿色

9 彩图 ... p.7

线 25号刺绣线
黄色（973）…1支、浅绿色（704）…0.5支
其他 花艺铁丝＃28…12cm
针 0号钩针

花朵

⑦ 第7行从第3行短针条纹针
的前侧挑半针钩织
⑥ 第6行从第2行中长针条纹
针的前侧挑半针钩织
⑤ 第5行从第1行短针
的前侧挑半针钩织

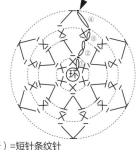

× （第3行）＝短针条纹针
（第2、4行）＝中长针条纹针

花茎（通用）（参照p.28）

将铁丝固定在花朵
起针的中心位置
将铁丝环引拔钩织

开始钩织

木茼蒿：锁针（25针）起针
郁金香：锁针（25针）起针
蒲公英：锁针（21针）起针

1.木茼蒿、郁金香用12cm的铁丝，蒲公英用11cm的铁丝，将两端反折
2.将铁丝用短针条纹针包裹

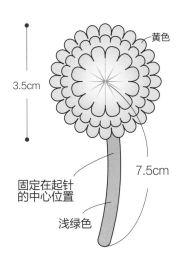

黄色

3.5cm

7.5cm

固定在起针
的中心位置

浅绿色

10 彩图 ... p.7

线 25号刺绣线
红色（666）…2支、绿色（905）…0.5支
其他 花艺铁丝＃28…11cm
针 0号钩针

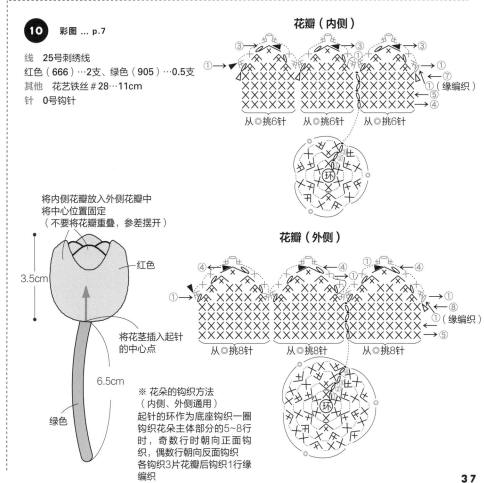

花瓣（内侧）

① ③
从◎挑6针 从◎挑6针 从◎挑6针

（缘编织）

花瓣（外侧）

④ ①
从◎挑8针 从◎挑8针 从◎挑8针

（缘编织）

将内侧花瓣放入外侧花瓣中
将中心位置固定
（不要将花瓣重叠，参差摆开）

3.5cm

6.5cm

红色

将花茎插入起针
的中心点

绿色

※ 花朵的钩织方法
（内侧、外侧通用）
起针的环作为底座钩织一圈
钩织花朵主体部分的5~8行
时，奇数行时朝向正面钩
织，偶数行朝向反面钩织
各钩织3片花瓣后钩织1行缘
编织

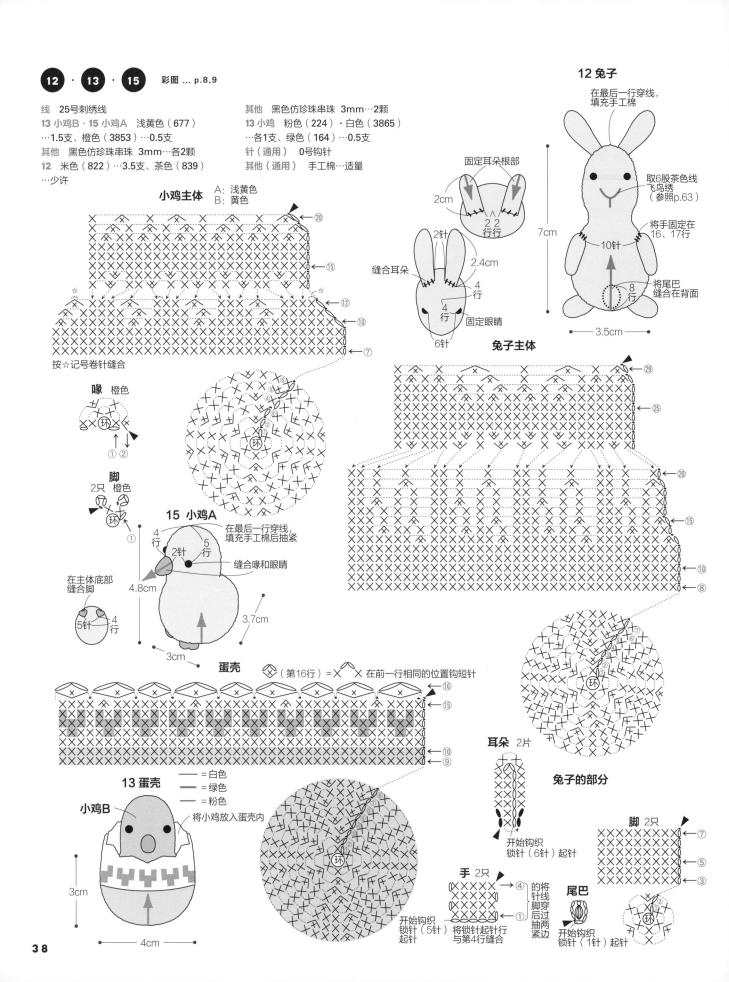

线　25号刺绣线

13 小鸡B · 15 小鸡A　浅黄色（677）
…1.5支、橙色（3853）…0.5支

其他　黑色仿珍珠串珠 3mm…各2颗

12　米色（822）…3.5支、茶色（839）
…少许

其他　黑色仿珍珠串珠 3mm…2颗

13 小鸡　粉色（224）·白色（3865）
…各1支、绿色（164）…0.5支

针（通用）　0号钩针

其他（通用）　手工棉…适量

小鸡主体　A：浅黄色　B：黄色

按☆记号卷针缝合

喙　橙色

脚　2只　橙色

15 小鸡A

在最后一行穿线，
填充手工棉后抽紧

缝合喙和眼睛

4.8cm

3.7cm

3cm

在主体底部
缝合脚

5针　4行

蛋壳

（第16行）=╱╲ ✕ 在前一行相同的位置钩短针

13 蛋壳

小鸡B

将小鸡放入蛋壳内

3cm

4cm

12 兔子

固定耳朵根部

2cm

2针

缝合耳朵

2.4cm

4行

4行

固定眼睛

6针

在最后一行穿线，
填充手工棉

取6股茶色线
飞鸟绣
（参照p.63）

7cm

将手固定在
16、17行

10针

8行

将尾巴
缝合在背面

3.5cm

兔子主体

兔子的部分

耳朵　2片

开始钩织
锁针（6针）起针

脚　2只

开始钩织
锁针（1针）起针

手　2只

开始钩织
锁针（5针）起针

将锁针起针行
与第4行缝合

将针线穿过
脚后抽两
紧边

尾巴

开始钩织
锁针（1针）起针

—　=白色
—　=绿色
—　=粉色

彩图 ... p.9

线 25号刺绣线
深粉色（3687）…2支、
浅绿色（3047）…1支
其他 手工棉…适量
针 0号钩针

花朵 浅绿色 4片

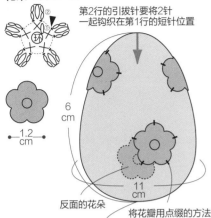

第2行的引拔针要将2针
一起钩织在第1行的短针位置

主体通用的针数表

行数	针数	加减针
20	8	−4
19	12	−6
18	18	−6
17	24	−6
16	30	−2
11～15	32	
10	32	+2
9	30	+3
8	27	+3
7	24	+4
6	20	
5	20	+4
4	16	
3	16	+4
2	12	+6
1	6	

短针钩织 深粉色

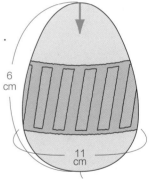

1.2 cm

6 cm

11 cm

反面的花朵

将花瓣用点缀的方法
缝合在主体上

在最后一行穿线，
填充手工棉后抽紧缝合

彩图 ... p.9
重点课程...p.31

线 25号刺绣线
浅蓝色（3810）…1.5支、
浅橙色（3856）…1支
其他 手工棉…适量
针 0号钩针

6 cm

11 cm

在最后一行穿线，
填充手工棉后抽紧缝合

短针的提花图案 （参照p.31）

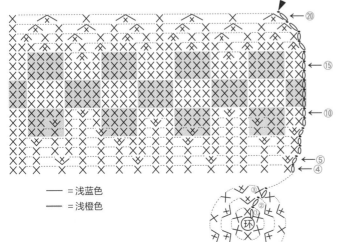

—— = 浅蓝色
—— = 浅橙色

彩图 ... p.8

线 25号刺绣线
紫色（3835）…1支、黄绿色（166）・
浅黄色（676）…0.5支
其他 手工棉…适量
针 0号钩针

6 cm

11 cm

在最后一行穿线，
填充手工棉后抽紧缝合

短针的提花图案 （参照p.31）

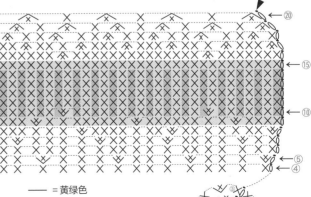

—— = 黄绿色
—— = 紫色
—— = 浅黄绿色

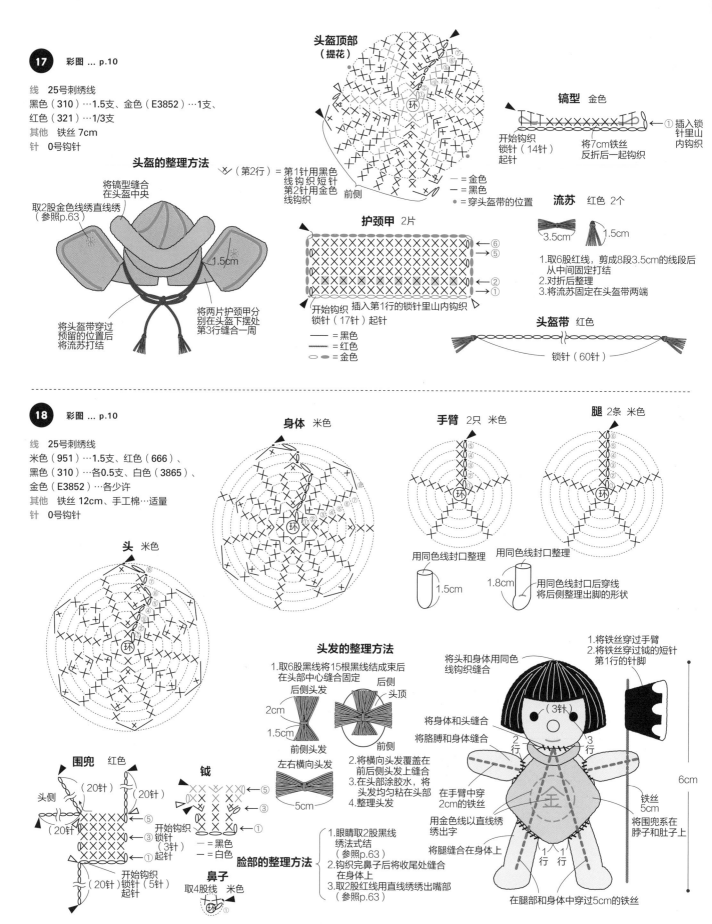

17 彩图 … p.10

线　25号刺绣线
黑色（310）…1.5支、金色（E3852）…1支、
红色（321）…1/3支
其他　铁丝7cm
针　0号钩针

头盔的整理方法

将镐型缝合
在头盔中央

取2股金色线绣直线绣
（参照p.63）

将头盔带穿过
预留的位置后
将流苏打结

将两片护颈甲分
别在头盔下摆处
第3行缝合一周

1.5cm

头盔顶部
（提花）

✕ =金色
— =黑色
● =穿头盔带的位置
前侧

✕ （第2行）＝第1针用黑色
线钩织短针
第2针用金色
线钩织

护颈甲 2片

← ⑥
← ⑤

← ②
← ①

开始钩织
插入第1行的锁针里山内钩织
锁针（17针）起针

—— =黑色
—— =红色
⚬— =金色

镐型 金色

① 插入锁
针里山
内钩织

开始钩织
锁针（14针）
起针

将7cm铁丝
反折后一起钩织

流苏 红色 2个

3.5cm　1.5cm

1.取6股红线，剪成8段3.5cm的线段后
从中间固定打结
2.对折后整理
3.将流苏固定在头盔带两端

头盔带 红色

锁针（60针）

---

18 彩图 … p.10

线　25号刺绣线
米色（951）…1.5支、红色（666）、
黑色（310）…各0.5支、白色（3865）、
金色（E3852）…各少许
其他　铁丝12cm、手工棉…适量
针　0号钩针

头 米色

身体 米色

环

手臂 2只 米色

用同色线封口整理

1.5cm

腿 2条 米色

用同色线封口整理

1.8cm

用同色线封口后穿线
将后侧整理出脚的形状

围兜 红色

头侧
（20针）　（20针）

（20针）

← ⑤

← ③

开始钩织
锁针
（3针）
起针

—=黑色
—=白色

（20针）

开始钩织
锁针（5针）
起针

钺

⑤

③

①

鼻子
取4股线　米色
环

头发的整理方法

1.取6股黑线将15根黑线结成束后
在头部中心缝合固定

后侧头发
2cm
1.5cm

前侧头发

左右横向头发
5cm

后侧
头顶
前侧

2.将横向头发覆盖在
前后侧头发上缝合
3.在头部涂胶水，将
头发均匀粘在头部
4.整理头发

脸部的整理方法

1.眼睛取2股黑线
绣法式结
（参照p.63）
2.钩织完鼻子后将收尾处缝合
在身体上
3.取2股红线用直线绣出嘴巴
（参照p.63）

将头和身体用同色
线钩织缝合

将身体和头缝合

将胳膊和身体缝合

（3针）

2
行　3
行

用金色线以直线绣
绣出字

将腿缝合在身体上

在手臂中穿
2cm的铁丝

1.将铁丝穿过手臂
2.将铁丝穿过钺的短针
第1行的针脚

铁丝
5cm

6cm

将围兜系在
脖子和肚子上

1
行　1
行

在腿部和身体中穿过5cm的铁丝

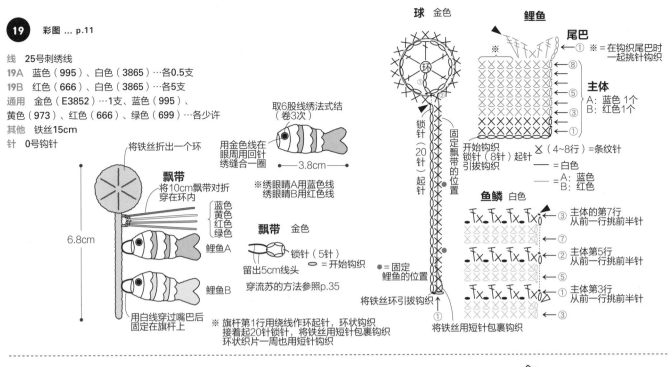

19 彩图 ... p.11

线 25号刺绣线
19A 蓝色（995）、白色（3865）…各0.5支
19B 红色（666）、白色（3865）…各5支
通用 金色（E3852）…1支、蓝色（995）、
黄色（973）、红色（666）、绿色（699）…各少许
其他 铁丝15cm
针 0号钩针

将铁丝折出一个环

球 金色

鲤鱼

尾巴
① ※ ＝在钩织尾巴时
一起挑针钩织

主体
A：蓝色 1个
B：红色 1个

开始钩织
锁针（8针）起针
引拔钩织

× （4～8行）＝条纹针
— ＝白色
— ＝A：蓝色
— ＝B：红色

鱼鳞 白色
③ 主体的第7行
从前一行挑前半针
⑦
② 主体第5行
从前一行挑前半针
⑤
① 主体第3行
从前一行挑前半针
③

取6股线绣法式结
（卷3次）

飘带
将10cm飘带对折
穿在环内
蓝色
黄色
红色
绿色

用金色线在
眼周围用回针
绣缝合一圈

3.8cm

※绣眼睛A用蓝色线
绣眼睛B用红色线

飘带 金色
锁针（5针）
留出5cm线头
〇 ＝开始钩织
穿流苏的方法参照p.35

锁针（20针）起针

固定飘带的位置

固定鲤鱼的位置
●＝固定鲤鱼的位置
将铁丝环引拔钩织

将铁丝用短针包裹钩织

6.8cm

鲤鱼A

鲤鱼B

用白线穿过嘴巴后
固定在旗杆上

※ 旗杆第1行用绕线作环起针，环状钩织
接着起20针锁针，将铁丝用短针包裹钩织
环状织片一周也用短针钩织

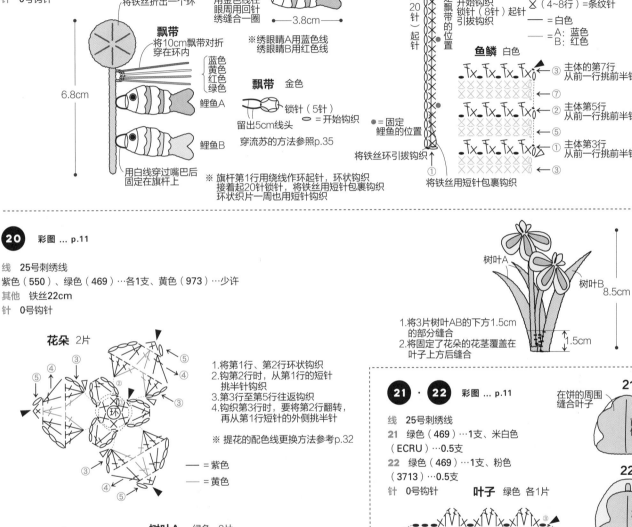

20 彩图 ... p.11

线 25号刺绣线
紫色（550）、绿色（469）…各1支、黄色（973）…少许
其他 铁丝22cm
针 0号钩针

树叶A

树叶B

8.5cm

1.将3片树叶AB的下方1.5cm
的部分缝合
2.将固定了花朵的花茎覆盖在
叶子上方后缝合

1.5cm

花朵 2片

1.将第1行、第2行环状钩织
2.钩第2行时，从第1行的短针
挑半针钩织
3.第3行至第5行往返钩织
4.钩织第3行时，要将第2行翻转，
再从第1行短针的外侧挑半针

※ 提花的配色线更换方法参考p.32

— ＝紫色
— ＝黄色

树叶A 绿色 2片
5.5cm
开始钩织
锁针（20针）起针

树叶B 绿色
7.5cm
开始钩织
锁针（26针）起针

茎A 绿色
3cm
6.5cm
将铁丝环
引拔钩织
开始的部分
穿过花朵
开始钩织
锁针（21针）起针

茎B 绿色
3cm
5cm
将铁丝环
引拔钩织
开始钩织
锁针（17针）起针

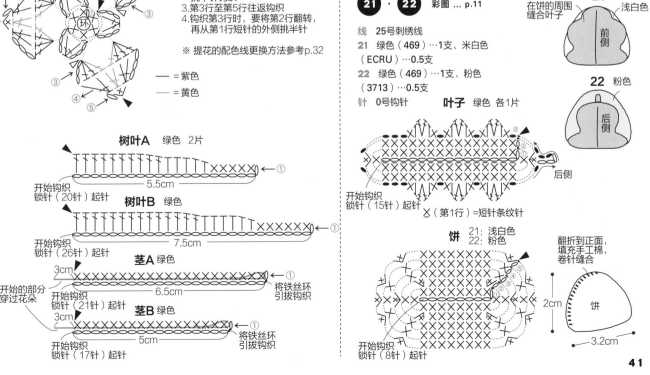

在饼的周围
缝合叶子

21 · **22** 彩图 ... p.11

线 25号刺绣线
21 绿色（469）…1支、米白色
（ECRU）…0.5支
22 绿色（469）…1支、粉色
（3713）…0.5支
针 0号钩针

21 浅白色
前侧

22 粉色
后侧

叶子 绿色 各1片

开始钩织
锁针（15针）起针

× （第1行）＝短针条纹针

后侧

饼
21：浅白色
22：粉色

翻折到正面，
填充手工棉，
卷针缝合

2cm

饼

3.2cm

开始钩织
锁针（8针）起针

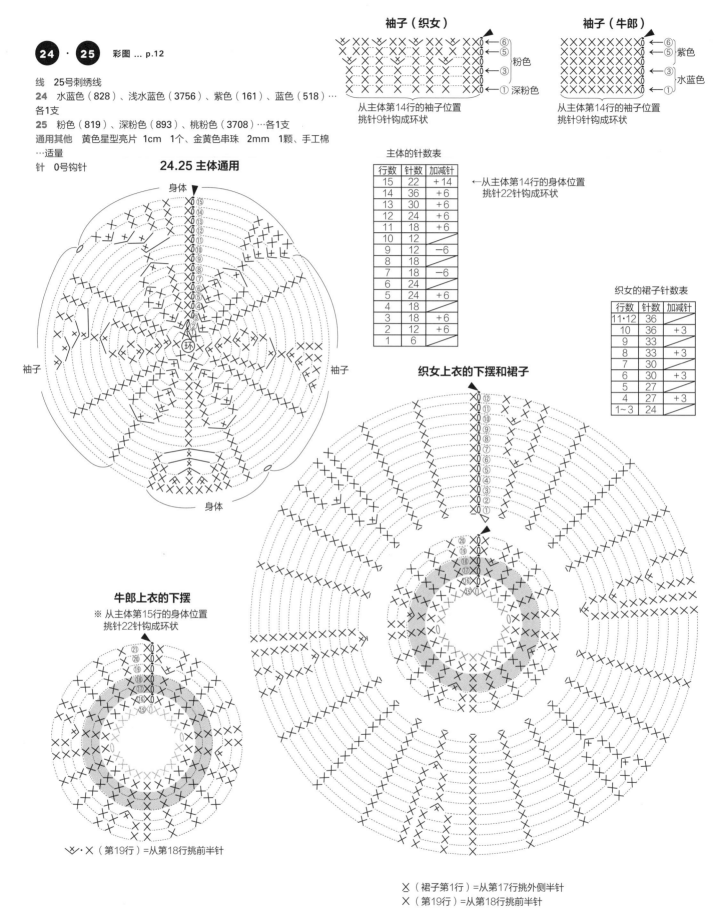

24 · 25 彩图 ... p.12

线　25号刺绣线

24　水蓝色（828）、浅水蓝色（3756）、紫色（161）、蓝色（518）…
各1支

25　粉色（819）、深粉色（893）、桃粉色（3708）…各1支

通用其他　黄色星型亮片　1cm　1个、金黄色串珠　2mm　1颗、手工棉
…适量

针　0号钩针

24.25 主体通用

身体

袖子　袖子

身体

袖子（织女）

⑥
⑤
③ 粉色
① 深粉色

从主体第14行的袖子位置
挑针9针钩成环状

袖子（牛郎）

⑥
⑤ 紫色
③
① 水蓝色

从主体第14行的袖子位置
挑针9针钩成环状

主体的针数表

行数	针数	加减针
15	22	+14
14	36	+6
13	30	+6
12	24	+6
11	18	+6
10	12	
9	12	−6
8	18	
7	18	−6
6	24	
5	24	+6
4	18	
3	18	+6
2	12	+6
1	6	

←从主体第14行的身体位置
挑针22针钩成环状

织女的裙子针数表

行数	针数	加减针
11·12	36	
10	36	+3
9	33	
8	33	+3
7	30	
6	30	+3
5	27	
4	27	+3
1~3	24	

织女上衣的下摆和裙子

牛郎上衣的下摆

※ 从主体第15行的身体位置
挑针22针钩成环状

⎵·✕（第19行）=从第18行挑前半针

✕（裙子第1行）=从第17行挑外侧半针
✕（第19行）=从第18行挑前半针

23 彩图 ... p.12

线　25号刺绣线
水黄色（3078）、白色（3865）…各0.5支、
浅水蓝色（3756）…0.5支
针　0号钩针

装饰物

浅水蓝色

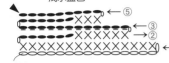

开始钩织
锁针（15针）起针
● ＝ × （第2・4行）＝从前一行挑前半针
（第3行）＝引拔收针

第1行的短针
挑起前行锁针的
里山钩织

星星

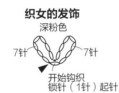

—— ＝黄色
—— （第2行）＝白色
—— ＝黄色（缘编织）

1.钩织2片星星图案，钩织2行
2.将2片星星图案正面朝外重合后进行缘编织

在星星背面
缝合装饰物

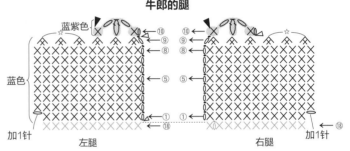

4cm

牛郎的头饰

蓝色

织女的发饰

深粉色

7针　7针

开始钩织
锁针（1针）起针

牛郎的腿

蓝紫色

蓝色

加1针　　　　　　　　　　　　加1针

左腿　　　　　　　　　　　右腿

第1行从下摆的第18行挑外侧半针
※ 在第10行将钩织物对折☆的针脚也一起挑针钩织

24 牛郎的整理方法

将头饰中填充手工棉后
缝合在头部

用水蓝色线绣直线绣后
打一个蝴蝶结

将头部、上衣、腿部填充
（袖子和脚尖不需要）

领子

在腰带部分装饰星星亮片
和圆形串珠

25 织女的整理方法

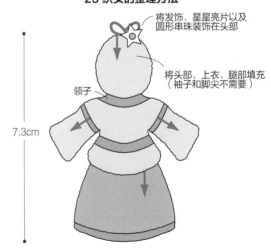

将发饰、星星亮片以及
圆形串珠装饰在头部

将头部、上衣、腿部填充
（袖子和脚尖不需要）

领子

7.3cm

牛郎配色表

部位	颜色	
头1~10行	浅水蓝色	
领子11·12行	紫色	
袖子	1~3行：水蓝色	
	4~6行：紫色	
上衣 13~21行	13~16行：水蓝色	
	17·18行：紫色	
	19~21行：水蓝色	
裤子	1~8行：蓝色	
鞋子	9·10行：紫色	

织女配色表

部位	颜色	
头1~10行	粉色	
领子11·12行	深粉色	
上衣 13~19行	13~15行：粉色	
	16·17行：深粉色	
	18·19行：粉色	
袖子	1行：深粉色	
	2~6行：粉色	
上衣裙子	1~10行：桃粉色	
	11·12行：深粉色	

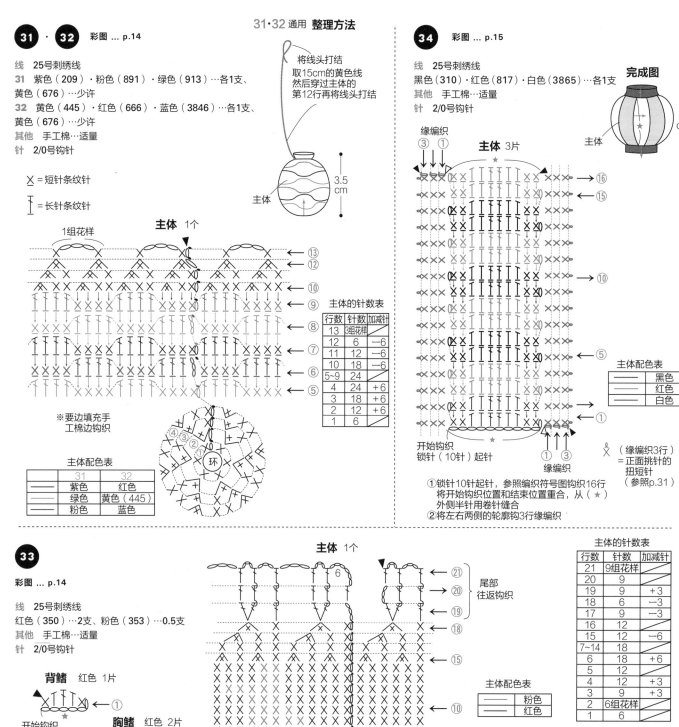

31·32 通用 整理方法

将线头打结
取15cm的黄色线
然后穿过主体的
第12行再将线头打结

线 25号刺绣线
31 紫色（209）·粉色（891）·绿色（913）…各1支、
黄色（676）…少许
32 黄色（445）·红色（666）·蓝色（3846）…各1支、
黄色（676）…少许
其他 手工棉…适量
针 2/0号钩针

主体

3.5
cm

X =短针条纹针

↑ =长针条纹针

1组花样

主体 1个

←⑬
←⑫
←⑩
←⑨
←⑧
←⑦
←⑥
←⑤

※要边填充手
工棉边钩织

主体的针数表

行数	针数	加减针
13	3组花样	
12	6	—6
11	12	—6
10	18	—6
5~9	24	
4	24	+6
3	18	+6
2	12	+6
1	6	

环

主体配色表

	31	32
	紫色	红色
	绿色	黄色（445）
	粉色	蓝色

线 25号刺绣线
黑色（310）·红色（817）·白色（3865）…各1支
其他 手工棉…适量
针 2/0号钩针

完成图

4
cm

主体

缘编织

主体 3片

←⑯
←⑮
←⑩
←⑤
←①

开始钩织
锁针（10针）起针

缘编织

① ③
缘编织

主体配色表

	黑色
	红色
	白色

（缘编织3行）
=正面挑针的
扭短针
（参照p.31）

①锁针10针起针，参照编织符号图钩织16行
将开始钩织位置和结束位置重合，从（★）
外侧半针用卷针缝合
②将左右两侧的轮廓钩3行缘编织

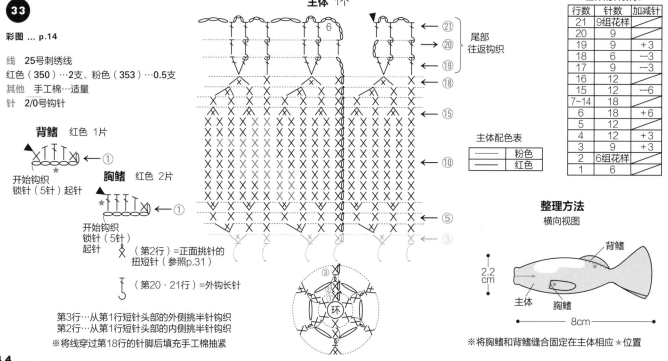

线 25号刺绣线
红色（350）…2支、粉色（353）…0.5支
其他 手工棉…适量
针 2/0号钩针

背鳍 红色 1片

←①
开始钩织
锁针（5针）起针

胸鳍 红色 2片

←①
开始钩织
锁针（5针）
起针

X （第2行）=正面挑针的
扭短针（参照p.31）

（第20·21行）=外钩长针

第3行…从第1行短针头部的外侧挑半针钩织
第2行…从第1行短针头部的内侧挑半针钩织
※将线穿过第18行的针脚后填充手工棉抽紧

主体 1个

6
←㉑ 尾部
←⑳ 往返钩织
←⑲
←⑱
←⑮
←⑩
←⑤
←③

环

主体配色表

	粉色
	红色

主体的针数表

行数	针数	加减针
21	9组花样	
20	9	
19	9	+3
18	6	—3
17	9	—3
16	12	
15	12	—6
7~14	18	
6	18	+6
5	12	
4	12	+3
3	9	+3
2	6组花样	
1	6	

整理方法
横向视图

背鳍

2.2
cm

主体
胸鳍

8cm

※将胸鳍和背鳍缝合固定在主体相应★位置

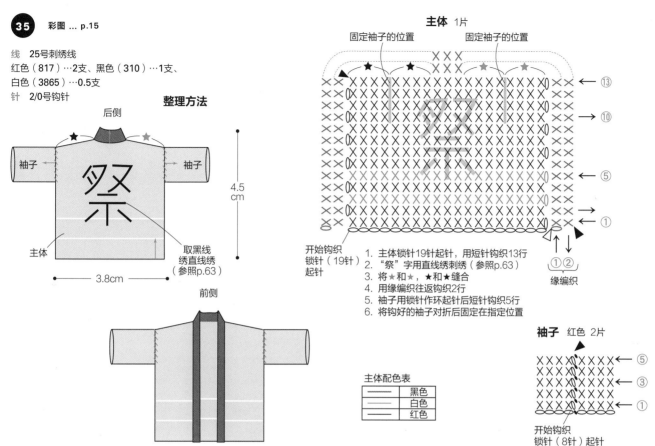

35 彩图 ... p.15

线　25号刺绣线
红色（817）…2支、黑色（310）…1支、
白色（3865）…0.5支
针　2/0号钩针

整理方法

后侧

袖子　　　　　袖子

主体

4.5 cm

3.8cm

取黑线
绣直线绣
（参照p.63）

前侧

主体 1片

固定袖子的位置　　固定袖子的位置

开始钩织
锁针（19针）
起针

1. 主体锁针19针起针，用短针钩织13行
2. "祭"字用直线绣刺绣（参照p.63）
3. 将★和★，★和★缝合
4. 用缘编织往返钩织2行
5. 袖子用锁针作环起针后短针钩织5行
6. 将钩好的袖子对折后固定在指定位置

缘编织

主体配色表

——	黑色
——	白色
——	红色

袖子　红色　2片

开始钩织
锁针（8针）起针

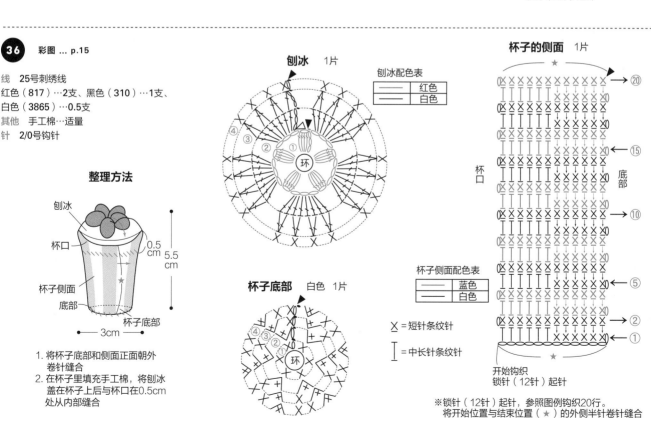

36 彩图 ... p.15

线　25号刺绣线
红色（817）…2支、黑色（310）…1支、
白色（3865）…0.5支
其他　手工棉…适量
针　2/0号钩针

整理方法

刨冰
杯口
杯子侧面
底部
杯子底部

0.5 cm
5.5 cm

3cm

1. 将杯子底部和侧面正面朝外
　卷针缝合
2. 在杯子里填充手工棉，将刨冰
　盖在杯子上后与杯口在0.5cm
　处从内部缝合

刨冰 1片

环

刨冰配色表

——	红色
——	白色

杯子底部　白色　1片

环

杯子的侧面 1片

杯口　　　　　底部

开始钩织
锁针（12针）起针

杯子侧面配色表

——	蓝色
——	白色

✕ ＝ 短针条纹针

┃ ＝ 中长针条纹针

※锁针（12针）起针，参照图例钩织20行。
将开始位置与结束位置（★）的外侧半针卷针缝合

37 彩图 ... p.15

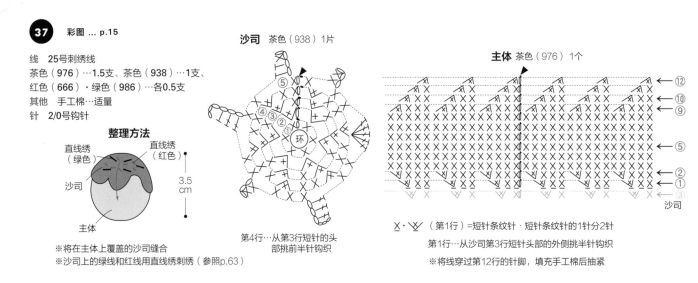

沙司　茶色（938）1片

线　25号刺绣线
茶色（976）…1.5支、茶色（938）…1支、
红色（666）・绿色（986）…各0.5支
其他　手工棉…适量
针　2/0号钩针

整理方法

直线绣
（绿色）　直线绣
（红色）

沙司

主体

3.5
cm

※将在主体上覆盖的沙司缝合
※沙司上的绿线和红线用直线绣刺绣（参照p.63）

第4行…从第3行短针的头
部挑前半针钩织

主体　茶色（976）1个

→⑫
→⑩
→⑨

←⑤

←②
←①
沙司

X・W（第1行）=短针条纹针・短针条纹针的1针分2针
第1行…从沙司第3行短针头部的外侧挑半针钩织
※将线穿过第12行的针脚，填充手工棉后抽紧

---

38 彩图 ... p.16

线　25号刺绣线
米色（739）…1支、茶色（435）・
茶色（975）・橙色（977）…各0.5支
其他　手工棉…适量
针　2/0号钩针

菌盖
正面（至第10行）1片
反面（至第7行）米色 1片

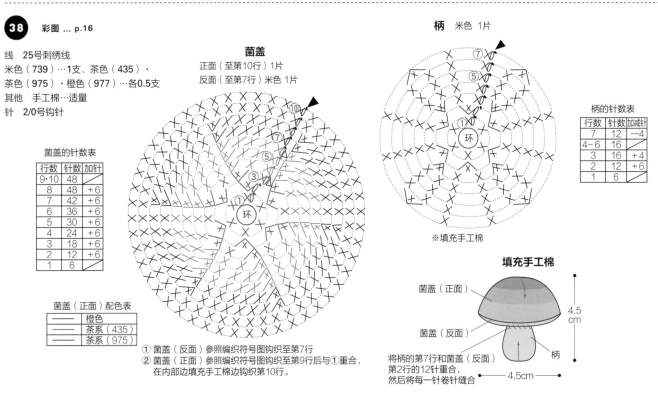

菌盖的针数表

行数	针数	加针
9・10	48	
8	48	+6
7	42	+6
6	36	+6
5	30	+6
4	24	+6
3	18	+6
2	12	+6
1	6	

菌盖（正面）配色表

▬	橙色
▬	茶系（435）
▬	茶系（975）

① 菌盖（反面）参照编织符号图钩织至第7行
② 菌盖（正面）参照编织符号图钩织至第9行后与①重合，
在内部边填充手工棉边钩织第10行。

柄　米色 1片

柄的针数表

行数	针数	加减针
7	12	−4
4~6	16	
3	16	+4
2	12	+6
1	6	

※填充手工棉

填充手工棉

菌盖（正面）

菌盖（反面）

柄

4.5
cm

将柄的第7行和菌盖（反面）
第2行的12针重合，
然后将每一针卷针缝合

4.5cm

---

40 彩图 ... p.16

线　25号刺绣线
红色（349）・米色
（739）…各1支、
生成色（712）…0.5支
其他　手工棉…适量
针　2/0号钩针

菌盖　正面
红色 1个
「菌盖的钩织方法参照38的菌盖」

菌盖　反面
米色 1片
「菌盖的钩织方法参照38的菌盖」

柄
米色 1片
「柄的钩织方法参照38的柄」

装饰花样　生成色 3片

整理方法

将装饰花样
固定在菌盖（正面）
适当的位置

菌盖（正面）

菌盖（反面）

柄

4.5
cm

4.5cm

※柄的钩织方法参照38的柄

彩图 ... p.16

39

线　25号刺绣线
茶色（434）・茶色（436）…各1支、米色（712）・
茶色（801）・黄色（3820）…各0.5支
针　2/0号钩针

尾巴
茶色（901）

主体　1片　　　→㉑ 鼻子

耳朵　　　　　　耳朵

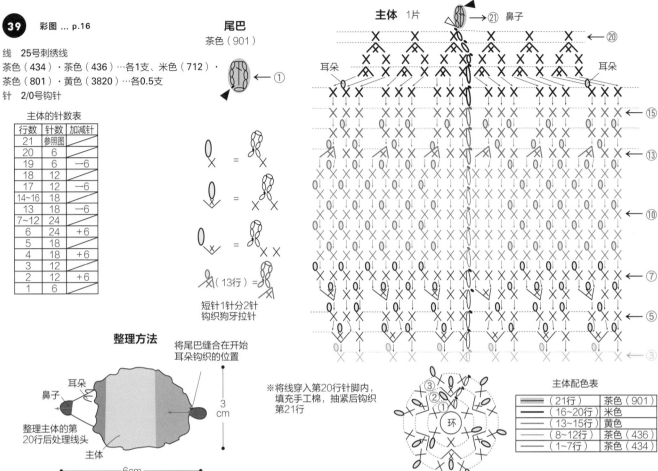

主体的针数表

行数	针数	加减针
21	参照图	
20	6	
19	6	−6
18	12	
17	12	−6
14~16	18	
13	18	−6
7~12	24	
6	24	+6
5	18	
4	18	+6
3	12	
2	12	+6
1	6	

= ╳

=

=　╳╳

（13行）=
短针1针分2针
钩织狗牙拉针

整理方法

将尾巴缝合在开始
耳朵钩织的位置

耳朵
鼻子

整理主体的第
20行后处理线头

主体

3
cm

6cm

※将线穿入第20行针脚内，
填充手工棉，抽紧后钩织
第21行

③
②
①
环

主体配色表

▬	（21行）	茶色（901）
─	（16~20行）	米色
─	（13~15行）	黄色
─	（8~12行）	茶色（436）
─	（1~7行）	茶色（434）

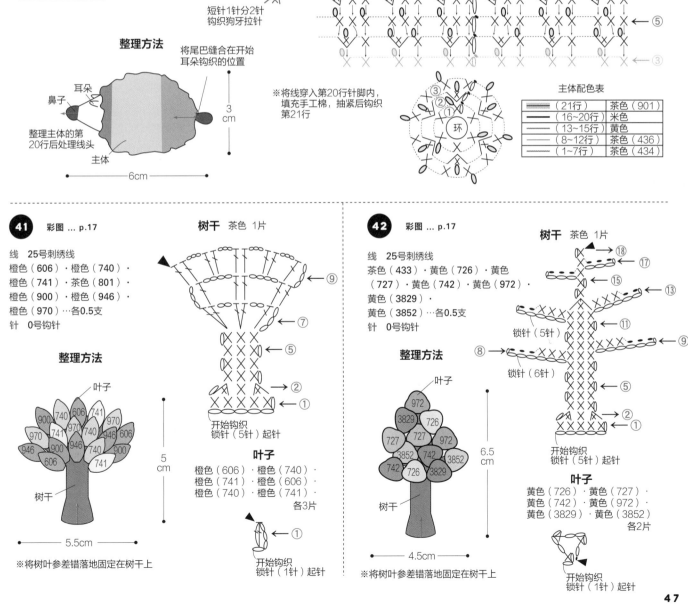

彩图 ... p.17

41

线　25号刺绣线
橙色（606）・橙色（740）・
橙色（741）・茶色（801）・
橙色（900）・橙色（946）・
橙色（970）…各0.5支
针　0号钩针

树干　茶色　1片

⑨
⑦
⑤
②
①

开始钩织
锁针（5针）起针

整理方法

叶子

900 740 606 741
970
970 741 970 740 946 606
900 900 946 740 900
946 606 740 741

树干

5
cm

5.5cm

※将树叶参差错落地固定在树干上

叶子
橙色（606）・橙色（740）・
橙色（741）・橙色（606）・
橙色（740）・橙色（741）

各3片

①

开始钩织
锁针（1针）起针

彩图 ... p.17

42

线　25号刺绣线
茶色（433）・黄色（726）・黄色
（727）・黄色（742）・黄色（972）・
黄色（3829）・
黄色（3852）…各0.5支
针　0号钩针

树干　茶色　1片

⑱
⑰
⑮
⑬
⑪
⑨
⑤
②
①

锁针（5针）

锁针（6针）

开始钩织
锁针（5针）起针

整理方法

叶子

972
3829 726
727 972
3852 742 3852
742 726 3829

树干

6.5
cm

4.5cm

※将树叶参差错落地固定在树干上

叶子
黄色（726）・黄色（727）・
黄色（742）・黄色（972）・
黄色（3829）・黄色（3852）

各2片

①

开始钩织
锁针（1针）起针

43 · 44 · 45 · 46 彩图 ... p.17

线　25号刺绣线
43 茶色（3829）…0.5支
44 黄色（3852）…0.5支
45 绿色（905）…0.5支
46 黄色（444）…0.5支
针　0号钩针

银杏叶

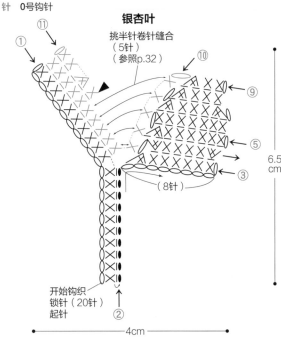

挑半针卷针缝合
（5针）
（参照p.32）

挑半针卷针缝合
（5针）

① ⑪ ⑩ ⑨ ⑤ ③

（8针）

6.5 cm

开始钩织
锁针（20针）
起针

②

4cm

※参照符号图钩织，在指定位置各挑半针后
卷针缝合（参照p.32）

47

彩图 ... p.18

线　25号刺绣线
黄色（677）·绿色（734）…各0.5支
其他　花艺铁丝#28…10cm
针　2/0号钩针

穂　黄色 1片

（9针）

②

①

环

第2行…从第1行短针的
外侧挑半针
在同一位置引拔2针

茎　绿色 1片

开始钩织
锁针（18针）
起针

（10针）

（10针）

※茎用短针钩织
包裹铁丝

缝合

在铁丝的环内
引拔钩织

①

整理方法

穂的第1行用短
针钩织，将线穿
过茎剩下的半针
针脚内，与茎的
★位置连接

穂

★

茎

9 cm

---

49 彩图 ... p.18

线　25号刺绣线
白色（3865）…1.5支、茶色（436）…1支
其他　手工棉…适量
针　2/0号钩针

整理方法

团子

三方
（日本供奉用具）

4 cm

4cm

※将三方的盘子部分
与团子的第1行缝合

团子的重叠方法

从下侧看的第1层　　从下侧看的第2层　　从下侧看的第3层

缝合位置　　　　缝合位置

三方　茶色 1片

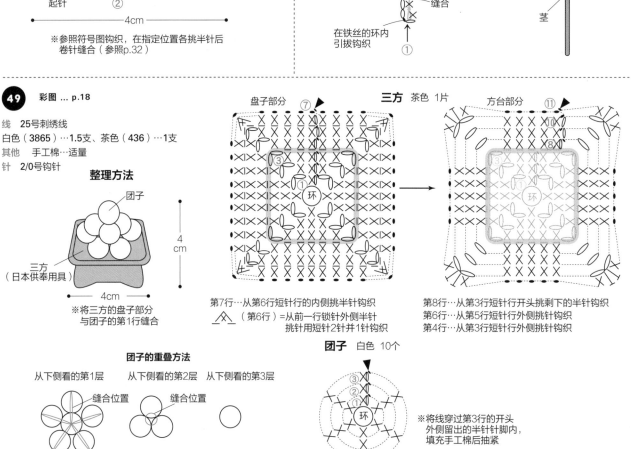

盘子部分　⑦

方台部分　⑪ ⑩ ⑧

③ ① 环

③ ① 环

第7行…从第6行短针行的内侧挑半针钩织

（第6行）=从前一行锁针外侧半针
挑针用短针2针并1针钩织

第8行…从第3行短针行开头挑剩下的半针钩织
第6行…从第5行短针行外侧挑针钩织
第4行…从第3行短针行外侧挑针钩织

团子　白色 10个

③ ② ①

环

※将线穿过第3行的开头
外侧留出的半针针脚内，
填充手工棉后抽紧

48 彩图 ... p.18

线　25号刺绣线
黄色（445）·绿色（3348）…各0.5支
针　2/0号钩针

主体

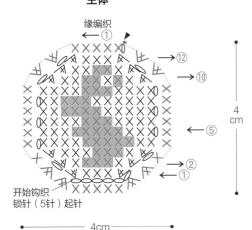

缘编织
①←
→⑫
→⑩
←⑤
←②
←①

开始钩织
锁针（5针）起针

4cm

4cm

主体配色表

——	黄色
▨▨	绿色
——	黄色

---

50 彩图 ... p.19

线　25号刺绣线
红色（321）…1支、绿色（701）
·茶色（779）…各少许
其他　手工棉…适量
针　2/0号钩针

果实　红色

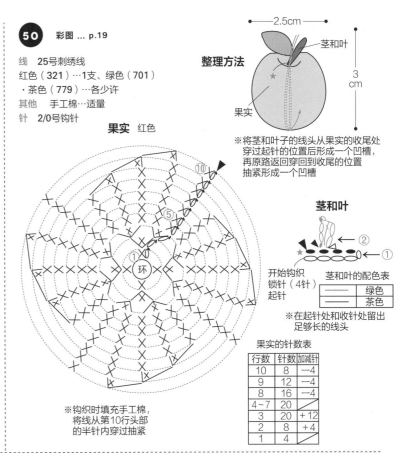

⑩
⑤
①环

※钩织时填充手工棉，
将线从第10行头部
的半针内穿过抽紧

整理方法

2.5cm

茎和叶
果实
果实

3cm

※将茎和叶子的线头从果实的收尾处
穿过针的位置后形成一个凹槽，
再原路返回穿回到收尾的位置
抽紧形成一个凹槽

茎和叶

②
←①
★
开始钩织
锁针（4针）
起针

茎和叶的配色表

——	绿色
——	茶色

※在起针处和收针处留出
足够长的线头

果实的针数表

行数	针数	加减针
10	8	−4
9	12	−4
8	16	−4
4~7	20	
3	20	+12
2	8	+4
1	4	

---

51 彩图 ... p.19

线　25号刺绣线
紫色（550）·紫色渐变色（52）…各1支
绿色（905）…少许
其他　手工棉…适量
针　2/0号钩针

茎和叶　绿色

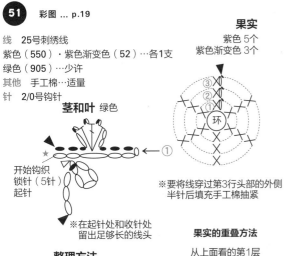

←①
★
开始钩织
锁针（5针）
起针

※在起针处和收针处
留出足够长的线头

果实

紫色　5个
紫色渐变色　3个

③
②
①
环

※要将线穿过第3行头部的外侧
半针后填充手工棉抽紧

整理方法

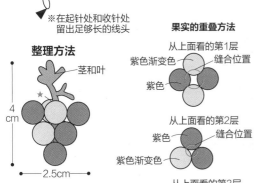

茎和叶
★
4cm
2.5cm

1. 参照果实的重叠方法，将果实按合
　适的位置叠合3层并缝合固定
2. 将茎和叶插入果实的★中心后固定

果实的重叠方法

从上面看的第1层
紫色渐变色
缝合位置
紫色

从上面看的第2层
紫色
缝合位置
紫色渐变色

从上面看的第3层
紫色

---

52 彩图 ... p.19

线　25号刺绣线
橙色（946）…1支、绿色（580）…少许
其他　花艺铁丝#28…10cm
针　2/0号钩针

果实　橙色

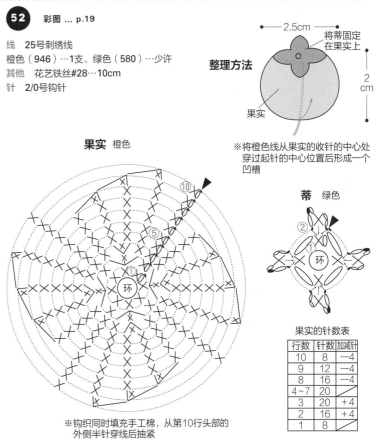

⑩
⑤
①环
环

※钩织同时填充手工棉，从第10行头部的
外侧半针穿线后抽紧

整理方法

2.5cm

将蒂固定
在果实上

果实

2cm

※将橙色线从果实的收针的中心处
穿过起针的中心位置后形成一个
凹槽

蒂　绿色

②
①
环

果实的针数表

行数	针数	加减针
10	8	−4
9	12	−4
8	16	−4
4~7	20	
3	20	+4
2	16	+4
1	8	

54 彩图 ... p.20

线　25号刺绣线
白色（3865）…2.5支、紫色（3837）…0.5
支、黑色（310）·橙色（970）…各少许
其他　手工棉…适量
针　2/0号钩针

帽子 1片

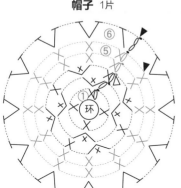

帽子配色表

——	橙色
——	紫色

$\vee \cdot \text{T}$（第6行）=挑第5行的短针行的前半针钩织

主体的针数表

行数	针数	加减针
20	6	−6
19	12	−6
18	18	−6
17	24	−4
13~16	28	
12	28	−4
10·11	32	
9	32	−4
8	36	−4
6·7	40	
5	40	+8
4	32	+8
3	24	+8
2	16	+8
1	8	

主体 白色 1片

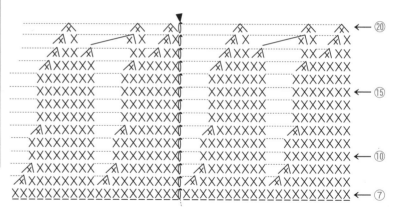

帽子的针数表

行数	针数	加针
6	24	+12
4·5	12	
3	12	+4
2	8	+4
1	4	

整理方法

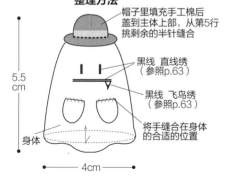

帽子里填充手工棉后盖到主体上部，从第5行挑剩余的半针缝合

黑线　直线绣（参照p.63）

黑线　飞鸟绣（参照p.63）

将手缝合在身体的合适的位置

5.5cm

身体

4cm

主体的下摆 白色

手 白色 2片

固定的位置

第7行…挑第6行短针头部的外侧半针钩织
第21行…挑第6行短针头部的内侧半针钩织

※钩织同时填充手工棉，将线穿过第20行的针脚后抽紧

---

56 彩图 ... p.21

线　25号刺绣线
白色（3865）…2.5支、黑色（310）·紫色（3837）…各少许
其他　手工棉…适量
针　2/0号钩针

整理方法

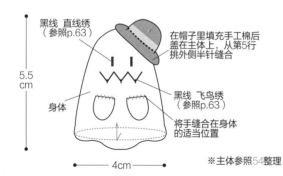

黑线　直线绣（参照p.63）

在帽子里填充手工棉后盖在主体上，从第5行挑外侧半针缝合

黑线　飞鸟绣（参照p.63）

将手缝合在身体的适当位置

5.5cm

身体

4cm

※主体参照54整理

主体 白色 1片
「主体钩织方法参照p.54」

手 白色 2片
「手的钩织方法参照p.54」

帽子配色表

——	紫色
——	黑色

帽子 1片

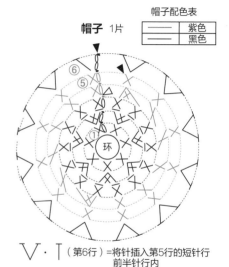

帽子的针数表

行数	针数	加减针
6	24	+12
5	12	
4	12	−2
3	14	
2	14	+7
1	7	

$\vee \cdot \text{T}$（第6行）=将针插入第5行的短针行前半针行内

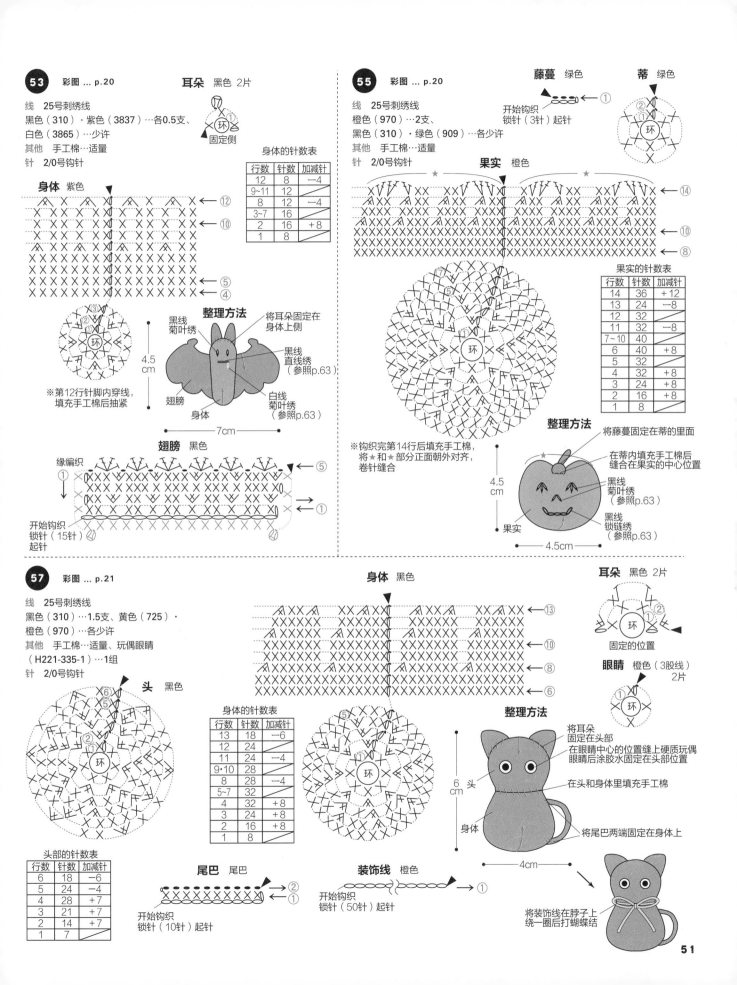

53 彩图 ... p.20

线 25号刺绣线
黑色（310）·紫色（3837）…各0.5支、
白色（3865）…少许
其他 手工棉…适量
针 2/0号钩针

耳朵 黑色 2片

环
固定侧

身体 紫色

身体的针数表

行数	针数	加减针
12	8	-4
9~11	12	
8	12	-4
3~7	16	
2	16	+8
1	8	

⑫
⑩
⑤
④
③②①
环

※第12行针脚内穿线，
填充手工棉后抽紧

4.5
cm

整理方法
黑线
菊叶绣
将耳朵固定在
身体上侧
黑线
直线绣
（参照p.63）
翅膀
身体
白线
菊叶绣
（参照p.63）

7cm

翅膀 黑色

缘编织
①
⑤
①
开始钩织
锁针（15针）
起针

55 彩图 ... p.20

线 25号刺绣线
橙色（970）…2支、
黑色（310）·绿色（909）…各少许
其他 手工棉…适量
针 2/0号钩针

藤蔓 绿色
开始钩织
锁针（3针）起针
①

蒂 绿色
②①
环

果实 橙色

★ ★
⑭
⑩
⑧
①
⑤
环

果实的针数表

行数	针数	加减针
14	36	+12
13	24	-8
12	32	
11	32	-8
7~10	40	
6	40	+8
5	32	
4	32	+8
3	24	+8
2	16	+8
1	8	

整理方法
将藤蔓固定在蒂的里面
在蒂内填充手工棉后
缝合在果实的中心位置
黑线
菊叶绣
（参照p.63）
黑线
锁链绣
（参照p.63）
4.5
cm
果实

4.5cm

※钩织完第14行后填充手工棉，
将★和 部分正面朝外对齐，
卷针缝合

57 彩图 ... p.21

线 25号刺绣线
黑色（310）…1.5支、黄色（725）·
橙色（970）…各少许
其他 手工棉…适量、玩偶眼睛
（H221-335-1）…1组
针 2/0号钩针

头 黑色

⑥⑤
②①
环

头部的针数表

行数	针数	加减针
6	18	-6
5	24	-4
4	28	+7
3	21	+7
2	14	+7
1	7	

身体 黑色

⑬
⑩
⑧
⑥
⑤
①
环

身体的针数表

行数	针数	加减针
13	18	-6
12	24	
11	24	-4
9·10	28	
8	28	-4
5~7	32	
4	32	+8
3	24	+8
2	16	+8
1	8	

尾巴 尾巴
②
①
开始钩织
锁针（10针）起针

装饰线 橙色
①
开始钩织
锁针（50针）起针

耳朵 黑色 2片
①②
环
固定的位置

眼睛 橙色（3股线）
2片
①
环

整理方法
将耳朵
固定在头部
在眼睛中心的位置缝上硬质玩偶
眼睛后涂胶水固定在头部位置
在头和身体里填充手工棉
6
cm 头
身体
将尾巴两端固定在身体上

4cm

将装饰线在脖子上
绕一圈后打蝴蝶结

51

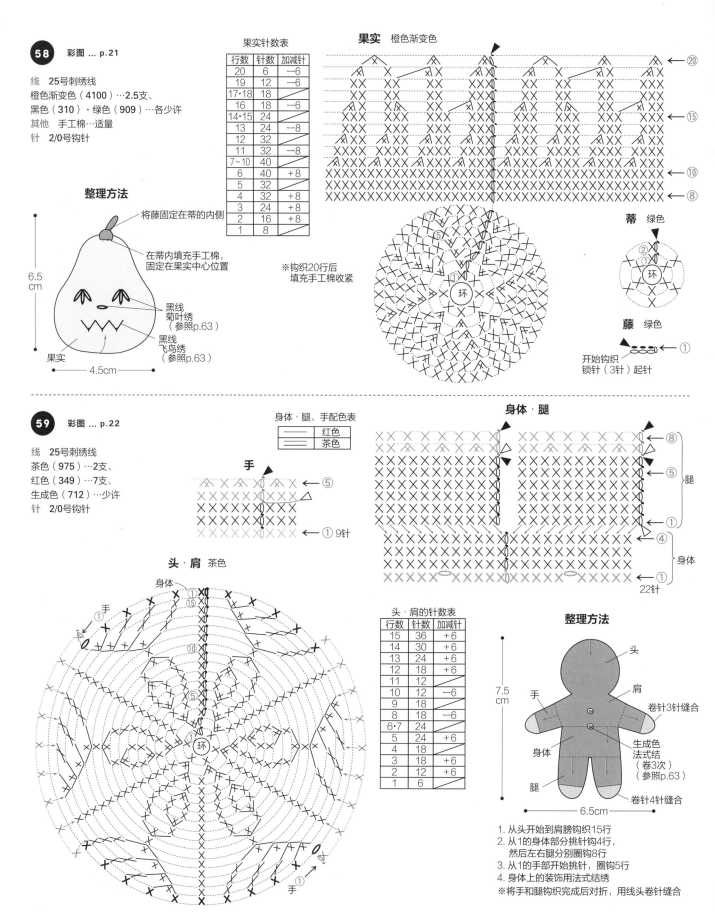

58 彩图 ... p.21

线 25号刺绣线
橙色渐变色（4100）…2.5支、
黑色（310）·绿色（909）…各少许
其他 手工棉…适量
针 2/0号钩针

整理方法

将藤固定在蒂的内侧

在蒂内填充手工棉，固定在果实中心位置

黑线
菊叶绣（参照p.63）

黑线
飞鸟绣（参照p.63）

果实

6.5cm

4.5cm

果实针数表

行数	针数	加减针
20	6	−6
19	12	−6
17·18	18	
16	18	−6
14·15	24	
13	24	−8
12	32	
11	32	−8
7~10	40	
6	40	+8
5	32	
4	32	+8
3	24	+8
2	16	+8
1	8	

※钩织20行后填充手工棉收紧

果实 橙色渐变色

环

蒂 绿色

环

藤 绿色

开始钩织
锁针（3针）起针

---

59 彩图 ... p.22

线 25号刺绣线
茶色（975）…2支、
红色（349）…7支、
生成色（712）…少许
针 2/0号钩针

身体·腿、手配色表

	红色
	茶色

手

① 9针

头·肩 茶色

身体

手

环

手

身体·腿

腿

身体

22针

头·肩的针数表

行数	针数	加减针
15	36	+6
14	30	+6
13	24	+6
12	18	
11	12	
10	12	−6
9	18	
8	18	−6
6·7	24	
5	24	+6
4	18	
3	18	+6
2	12	+6
1	6	

整理方法

头
肩
手
身体
腿

卷针3针缝合

生成色
法式结
（卷3次）
（参照p.63）

卷针4针缝合

7.5cm

6.5cm

1. 从头开始到肩膀钩织15行
2. 从1的身体部分挑针钩4行，然后左右腿分别圈钩8行
3. 从1的手部开始挑针，圈钩5行
4. 身体上的装饰用法式结绣
※将手和腿钩织完成后对折，用线头卷针缝合

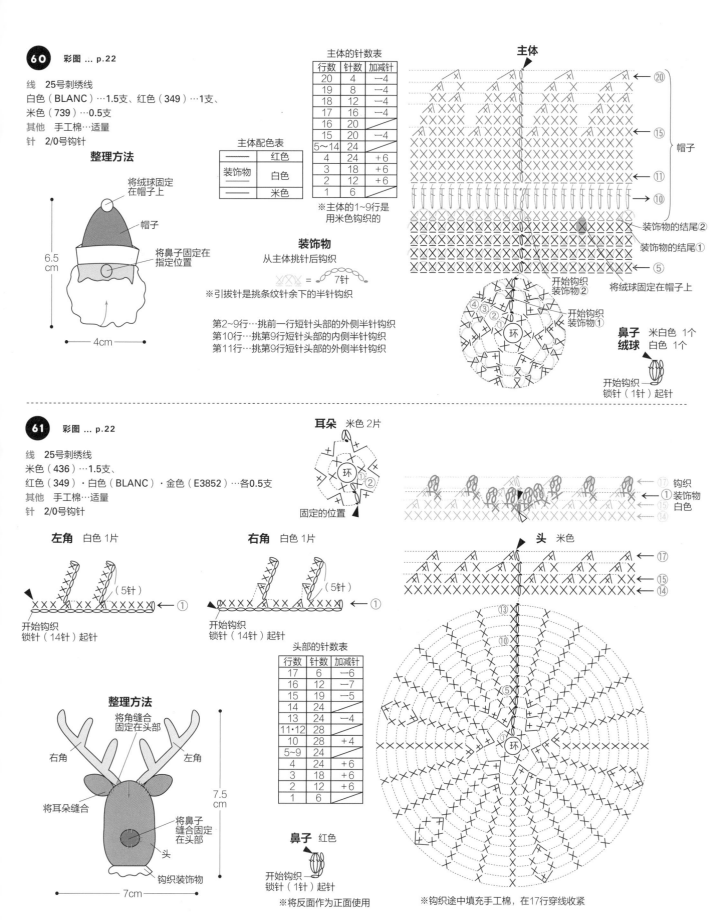

60 彩图 … p.22

线　25号刺绣线
白色（BLANC）…1.5支、红色（349）…1支、
米色（739）…0.5支
其他　手工棉…适量
针　2/0号钩针

整理方法

将绒球固定
在帽子上

帽子

将鼻子固定在
指定位置

6.5
cm

4cm

主体的针数表

行数	针数	加减针
20	4	−4
19	8	−4
18	12	−4
17	16	−4
16	20	−4
15	20	−4
5~14	24	
4	24	+6
3	18	+6
2	12	+6
1	6	

※主体的1~9行是
用米色钩织的

主体配色表

		红色
装饰物		白色
		米色

装饰物

从主体挑针后钩织

＝ 7针

※引拔针是挑条纹针余下的半针钩织

第2~9行…挑前一行短针头部的外侧半针钩织
第10行…挑第9行短针头部的内侧半针钩织
第11行…挑第9行短针头部的外侧半针钩织

主体

装饰物的结尾②
装饰物的结尾①
将绒球固定在帽子上

帽子

⑳
⑮
⑪
⑩
⑤

开始钩织
装饰物②

开始钩织
装饰物①

**鼻子
绒球**　米白色　1个
白色　1个

开始钩织
锁针（1针）起针

---

61 彩图 … p.22

线　25号刺绣线
米色（436）…1.5支、
红色（349）・白色（BLANC）・金色（E3852）…各0.5支
其他　手工棉…适量
针　2/0号钩针

左角　白色　1片

（5针）

开始钩织
锁针（14针）起针

右角　白色　1片

（5针）

开始钩织
锁针（14针）起针

耳朵　米色　2片

固定的位置

头　米色

⑰钩织
①装饰物
⑮白色
⑭

整理方法

将角缝合
固定在头部

右角　左角

将耳朵缝合

将鼻子
缝合固定
在头部

头

钩织装饰物

7.5
cm

7cm

头部的针数表

行数	针数	加减针
17	6	−6
16	12	−7
15	19	−5
14	24	
13	24	−4
11・12	28	
10	28	+4
5~9	24	
4	24	+6
3	18	+6
2	12	+6
1	6	

鼻子　红色

开始钩织
锁针（1针）起针

※将反面作为正面使用

※钩织途中填充手工棉，在17行穿线收紧

62 彩图 ... p.23

线　25号刺绣线
白色（BLANC）…3支、
银色（E168）…0.5支
其他　银色亮片…4个、
银色串珠…12颗
针　2/0号钩针

整理方法

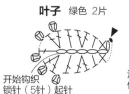

将亮片和串珠覆盖在
树的上部后缝合
（4组）

取串珠（8颗）
缝合在树的适当位置

树

7cm

5cm

钩织装饰物
从树的位置开始挑针钩织

= 3针 （银色）

= 6针 （白色）　※引拔针是挑条纹针内侧余下的半针钩织

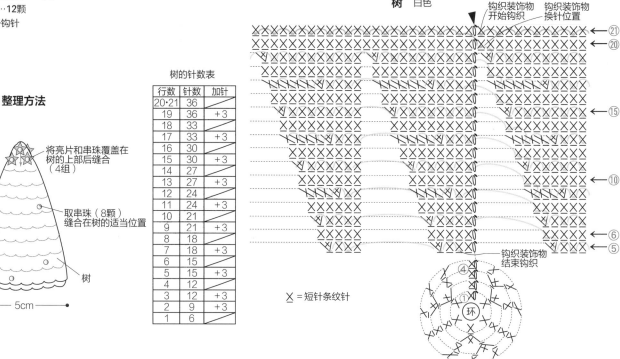

树　白色

钩织装饰物
开始钩织

钩织装饰物
换针位置

钩织装饰物
结束钩织

环

X = 短针条纹针

树的针数表

行数	针数	加针
20·21	36	
19	36	+3
18	33	
17	33	+3
16	30	
15	30	+3
14	27	
13	27	+3
12	24	
11	24	+3
10	21	
9	21	+3
8	18	
7	18	+3
6	15	
5	15	+3
4	12	
3	12	+3
2	9	+3
1	6	

---

63 彩图 ... p.23

线　25号刺绣线
银色（E168）…1.5支、
红色（666）·绿色（909）…各0.5支
针　2/0号钩针

叶子　绿色　2片

开始钩织
锁针（5针）起针

果实　红色　1片

泡泡针从锁针
位置开始入针

开始钩织
锁针（1针）起针

带子　银色 1根

开始钩织
锁针（10针）起针

铃铛的针数表

行数	针数	加针
13~15	36	
12	36	+6
11	30	
10	30	+6
5~9	24	
4	24	+6
3	18	+6
2	12	+6
1	6	

铃铛　银色

环

整理方法

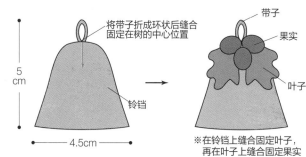

将带子折成环状后缝合
固定在树的中心位置

带子

果实

叶子

铃铛

5cm

4.5cm

※在铃铛上缝合固定叶子，
再在叶子上缝合固定果实

● （第15行）=从前一行的外侧半针
入针后引拔钩织

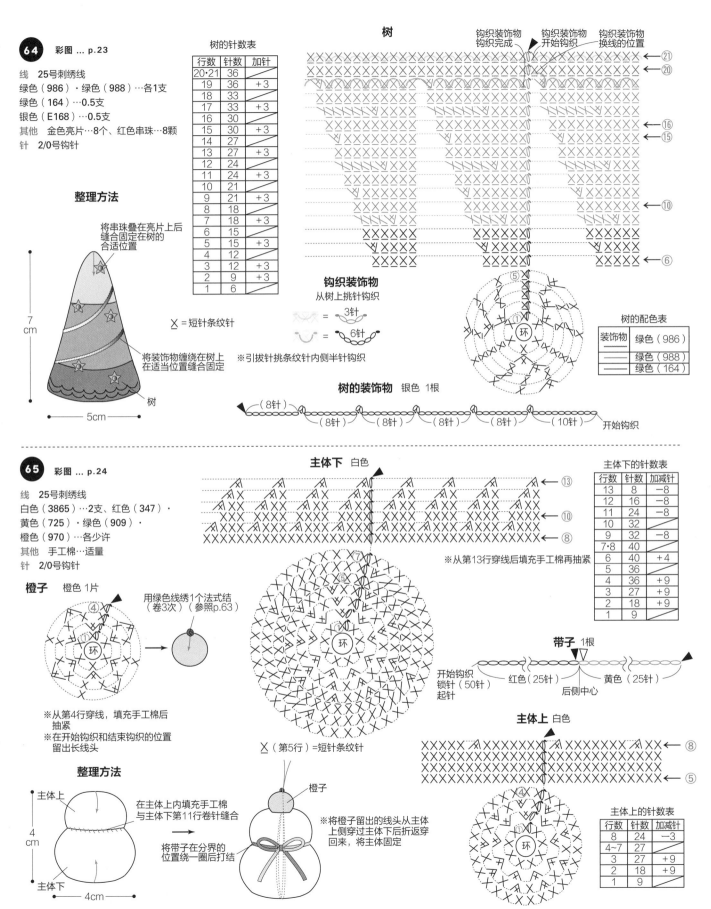

64 彩图 ... p.23

线　25号刺绣线
绿色（986）・绿色（988）…各1支
绿色（164）…0.5支
银色（E168）…0.5支
其他　金色亮片…8个、红色串珠…8颗
针　2/0号钩针

整理方法

将串珠叠在亮片上后缝合固定在树的合适位置

7 cm

5cm

X ＝短针条纹针

将装饰物缠绕在树上在适当位置缝合固定

树

树的针数表

行数	针数	加针
20・21	36	
19	36	+3
18	33	
17	33	+3
16	30	
15	30	+3
14	27	
13	27	+3
12	24	
11	24	+3
10	21	
9	21	+3
8	18	
7	18	+3
6	15	
5	15	+3
4	12	
3	12	+3
2	9	+3
1	6	

钩织装饰物
从树上挑针钩织

= 3针
= 6针

※引拔针挑条纹针内侧半针钩织

树的装饰物　银色 1根

（8针）（8针）（8针）（8针）（8针）（10针）开始钩织

树

钩织装饰物钩织完成　钩织装饰物开始钩织　钩织装饰物换线的位置

环
⑤
①

树的配色表

装饰物	绿色（986）
	绿色（988）
	绿色（164）

⑥ ⑩ ⑮ ⑯ ⑳ ㉑

---

65 彩图 ... p.24

线　25号刺绣线
白色（3865）…2支、红色（347）・
黄色（725）・绿色（909）・
橙色（970）…各少许
其他　手工棉…适量
针　2/0号钩针

橙子　橙色 1片

用绿色线绣1个法式结
（卷3次）（参照p.63）

环
①
④

※从第4行穿线，填充手工棉后抽紧
※在开始钩织和结束钩织的位置留出长线头

整理方法

主体上

4 cm

主体下

4cm

在主体上内填充手工棉与主体下第11行卷针缝合

将带子在分界的位置绕一圈后打结

橙子

※将橙子留出的线头从主体上侧穿过主体下后折返穿回来，将主体固定

主体下　白色

※从第13行穿线后填充手工棉再抽紧

主体下的针数表

行数	针数	加减针
13	8	−8
12	16	−8
11	24	−8
10	32	
9	32	−8
7・8	40	
6	40	+4
5	36	
4	36	+9
3	27	+9
2	18	+9
1	9	

⑧ ⑩ ⑬

环
⑤
⑦

X（第5行）＝短针条纹针

带子　1根

开始钩织
锁针（50针）
起针

红色（25针）　黄色（25针）

后侧中心

主体上　白色

主体上的针数表

行数	针数	加减针
8	24	−3
4~7	27	
3	27	+9
2	18	+9
1	9	

⑤ ⑧

环
①
④

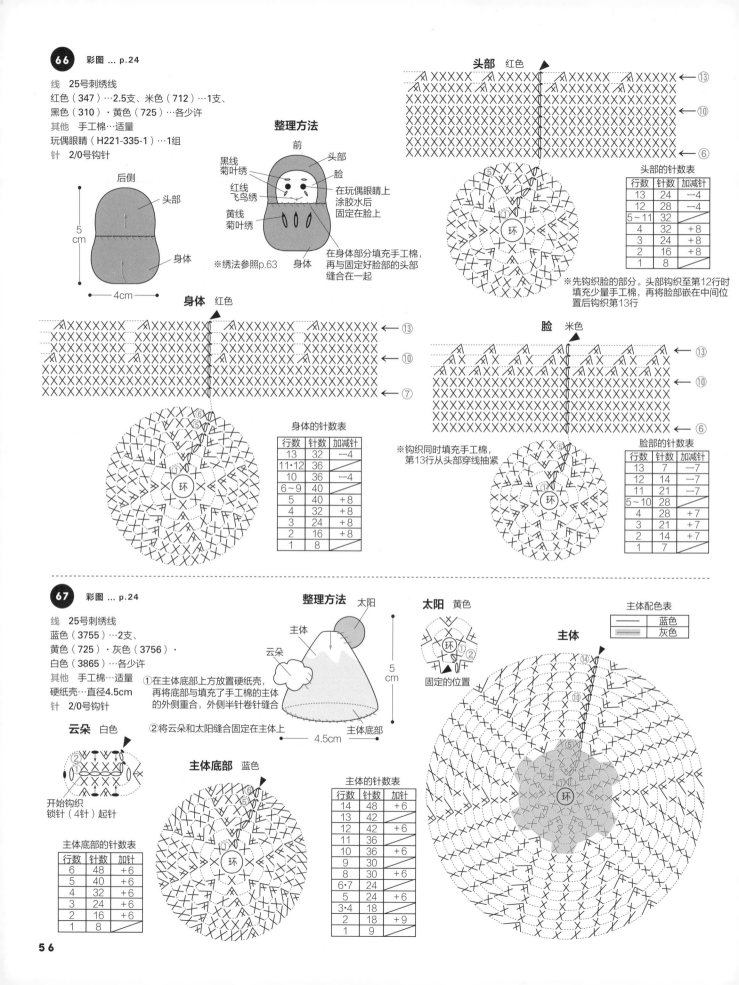

66 彩图 ... p.24

线 25号刺绣线
红色（347）…2.5支、米色（712）…1支、
黑色（310）·黄色（725）…各少许
其他 手工棉…适量
玩偶眼睛（H221-335-1）…1组
针 2/0号钩针

头部 红色

头部的针数表

行数	针数	加减针
13	24	−4
12	28	−4
5~11	32	
4	32	+8
3	24	+8
2	16	+8
1	8	

※先钩织脸的部分。头部钩织至第12行时
填充少量手工棉，再将脸部嵌在中间位
置后钩织第13行

后侧

头部

5cm

身体

4cm

整理方法

前
头部
黑线
菊叶绣
脸
红线
飞鸟绣
黄线
菊叶绣
在玩偶眼睛上
涂胶水后
固定在脸上
在身体部分填充手工棉，
再与固定好脸部的头部
缝合在一起
身体

※绣法参照p.63

脸 米色

脸部的针数表

行数	针数	加减针
13	7	−7
12	14	−7
11	21	−7
5~10	28	
4	28	+7
3	21	+7
2	14	+7
1	7	

※钩织同时填充手工棉，
第13行从头部穿线抽紧

身体 红色

身体的针数表

行数	针数	加减针
13	32	−4
11·12	36	
10	36	−4
6~9	40	
5	40	+8
4	32	+8
3	24	+8
2	16	+8
1	8	

---

67 彩图 ... p.24

线 25号刺绣线
蓝色（3755）…2支、
黄色（725）·灰色（3756）·
白色（3865）…各少许
其他 手工棉…适量
硬纸壳…直径4.5cm
针 2/0号钩针

整理方法

太阳
主体
云朵
5cm
①在主体底部上方放置硬纸壳，
再将底部与填充了手工棉的主体
的外侧重合，外侧半针卷针缝合
②将云朵和太阳缝合固定在主体上
主体底部
4.5cm

太阳 黄色

固定的位置

主体配色表

	蓝色
	灰色

主体

云朵 白色

开始钩织
锁针（4针）起针

主体底部 蓝色

主体底部的针数表

行数	针数	加针
6	48	+6
5	40	+6
4	32	+6
3	24	+6
2	16	+6
1	8	

主体的针数表

行数	针数	加针
14	48	+6
13	42	
12	42	+6
11	36	
10	36	+6
9	30	
8	30	+6
6·7	24	
5	24	+6
3·4	18	
2	18	+9
1	9	

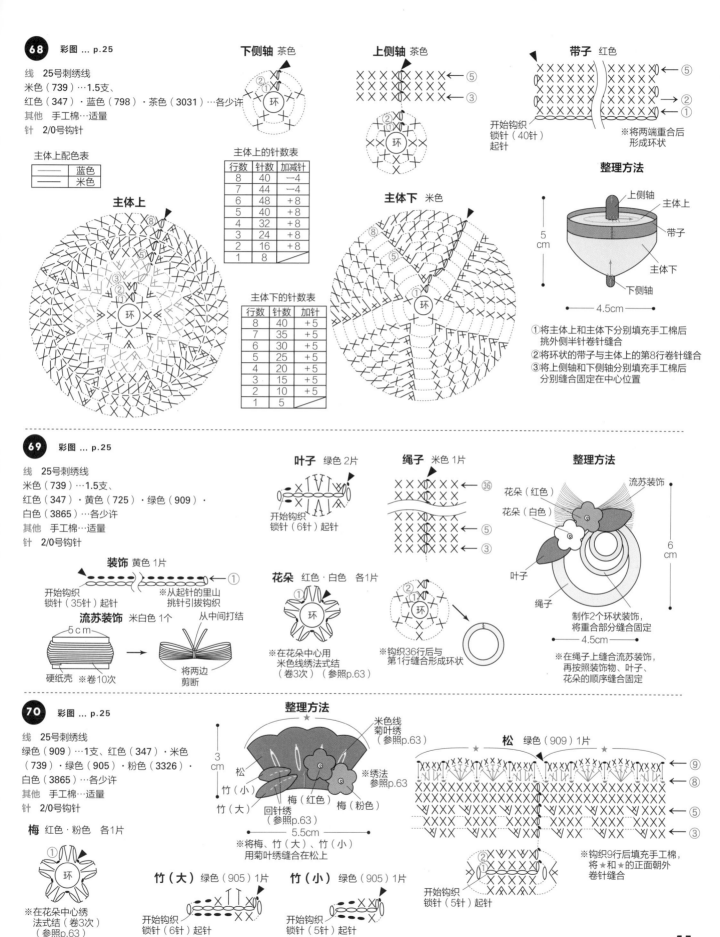

68 彩图 ... p.25

线　25号刺绣线
米色（739）…1.5支、
红色（347）·蓝色（798）·茶色（3031）…各少许
其他　手工棉…适量
针　2/0号钩针

主体上配色表

——	蓝色
——	米色

主体上的针数表

行数	针数	加减针
8	40	−4
7	44	−4
6	48	+8
5	40	+8
4	32	+8
3	24	+8
2	16	+8
1	8	

主体下的针数表

行数	针数	加针
8	40	+5
7	35	+5
6	30	+5
5	25	+5
4	20	+5
3	15	+5
2	10	+5
1	5	

下侧轴　茶色
环

上侧轴　茶色
环

带子　红色
开始钩织
锁针（40针）
起针
※将两端重合后
形成环状

主体上
环

主体下　米色
环

整理方法

上侧轴
主体上
带子
主体下
下侧轴

5cm
4.5cm

① 将主体上和主体下分别填充手工棉后
挑外侧半针卷针缝合
② 将环状的带子与主体上的第8行卷针缝合
③ 将上侧轴和下侧轴分别填充手工棉后
分别缝合固定在中心位置

---

69 彩图 ... p.25

线　25号刺绣线
米色（739）…1.5支、
红色（347）·黄色（725）·绿色（909）·
白色（3865）…各少许
其他　手工棉…适量
针　2/0号钩针

装饰　黄色1片
开始钩织
锁针（35针）起针
※从起针的里山
挑针引拔钩织

流苏装饰　米白色1个
5cm
硬纸壳　※卷10次
从中间打结
将两边
剪断

叶子　绿色2片
开始钩织
锁针（6针）起针

花朵　红色·白色　各1片
环
※在花朵中心用
米色线绣法式结
（卷3次）（参照p.63）

绳子　米色1片
环
※钩织36行后与
第1行缝合形成环状

整理方法

流苏装饰
花朵（红色）
花朵（白色）
叶子
绳子

6cm
4.5cm

制作2个环状装饰，
将重合部分缝合固定

※在绳子上缝合流苏装饰，
再按照装饰物、叶子、
花朵的顺序缝合固定

---

70 彩图 ... p.25

线　25号刺绣线
绿色（909）…1支、红色（347）·米色
（739）·绿色（905）·粉色（3326）·
白色（3865）…各少许
其他　手工棉…适量
针　2/0号钩针

梅　红色·粉色　各1片
环
※在花朵中心绣
法式结（卷3次）
（参照p.63）

整理方法

3cm
松
竹（小）
竹（大）
梅（红色）
回针绣
（参照p.63）
梅（粉色）
米色线
菊叶绣
（参照p.63）
※绣法
参照p.63

5.5cm
※将梅、竹（大）、竹（小）
用菊叶绣缝合在松上

竹（大）　绿色（905）1片
开始钩织
锁针（6针）起针

竹（小）　绿色（905）1片
开始钩织
锁针（5针）起针

松　绿色（909）1片
环
开始钩织
锁针（5针）起针

※钩织9行后填充手工棉，
将★和☆的正面朝外
卷针缝合

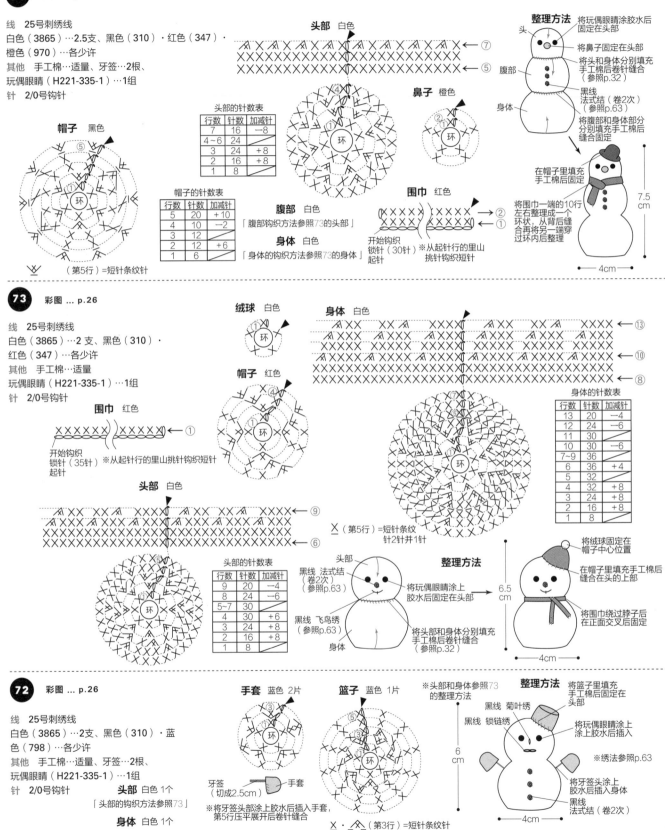

线　25号刺绣线
白色（3865）…2.5支、黑色（310）·红色（347）·
橙色（970）…各少许
其他　手工棉…适量、牙签…2根、
玩偶眼睛（H221-335-1）…1组
针　2/0号钩针

帽子 黑色

（第5行）=短针条纹针

头部 白色

头部的针数表

行数	针数	加减针
7	16	−8
4～6	24	
3	24	+8
2	16	+8
1	8	

帽子的针数表

行数	针数	加减针
5	20	+10
4	10	−2
3	12	
2	12	+6
1	6	

鼻子 橙色

腹部 白色
「腹部钩织方法参照73的头部」

身体 白色
「身体的钩织方法参照73的身体」

围巾 红色
开始钩织
锁针（30针）
起针
※从起针行的里山
挑针钩织短针

整理方法　将玩偶眼睛涂上胶水后
固定在头部
将鼻子固定在头部
将头和身体分别填充
手工棉后卷针缝合
（参照p.32）
黑线
法式结
（卷2次）
（参照p.63）
将腹部和身体部分
分别填充手工棉后
缝合固定
在帽子里填充
手工棉后固定
将围巾一端的10行
左右整理成一个
环状，从背后缝
合再将另一端穿
过环内后整理
7.5 cm
4cm

线　25号刺绣线
白色（3865）…2支、黑色（310）·
红色（347）…各少许
其他　手工棉…适量
玩偶眼睛（H221-335-1）…1组
针　2/0号钩针

围巾 红色
开始钩织
锁针（35针）
起针
※从起针行的里山挑针钩织短针

绒球 白色

帽子 红色

头部 白色

头部的针数表

行数	针数	加减针
9	20	−4
8	24	−6
5～7	30	
4	30	+6
3	24	+8
2	16	+8
1	8	

身体 白色

身体的针数表

行数	针数	加减针
13	20	−4
12	24	−6
11	30	
10	30	−6
7～9	36	
6	36	+4
5	32	
4	32	+8
3	24	+8
2	16	+8
1	8	

X（第5行）=短针条纹
针2针并1针

整理方法
黑线 法式结
（卷2次）
（参照p.63）
将玩偶眼睛涂上
胶水后固定在头部
黑线 飞鸟绣
（参照p.63）
将头部和身体分别填充
手工棉后卷针缝合
（参照p.32）
头部
身体
将绒球固定在
帽子中心位置
在帽子里填充手工棉后
缝合在头的上部
将围巾绕过脖子后
在正面交叉后固定
6.5 cm
4cm

线　25号刺绣线
白色（3865）…2支、黑色（310）·蓝
色（798）…各少许
其他　手工棉…适量、牙签…2根、
玩偶眼睛（H221-335-1）…1组
针　2/0号钩针　**头部** 白色 1个
「头部的钩织方法参照73」
　　　　　　　　　身体 白色 1个
「身体的钩织方法参照73」

手套 蓝色 2片

篮子 蓝色 1片

牙签
（切成2.5cm）→手套

※将牙签头部涂上胶水后插入手套，
第5行压平展开后卷针缝合

X·∧（第3行）=短针条纹针

※头部和身体参照73
的整理方法

整理方法
将篮子里填充
手工棉后固定在
头部
黑线 菊叶绣
黑线 锁链绣
将玩偶眼睛涂上
涂上胶水后插入
※绣法参照p.63
将牙签头部涂上
胶水后插入身体
黑线
法式结
（卷2次）
6 cm
4cm

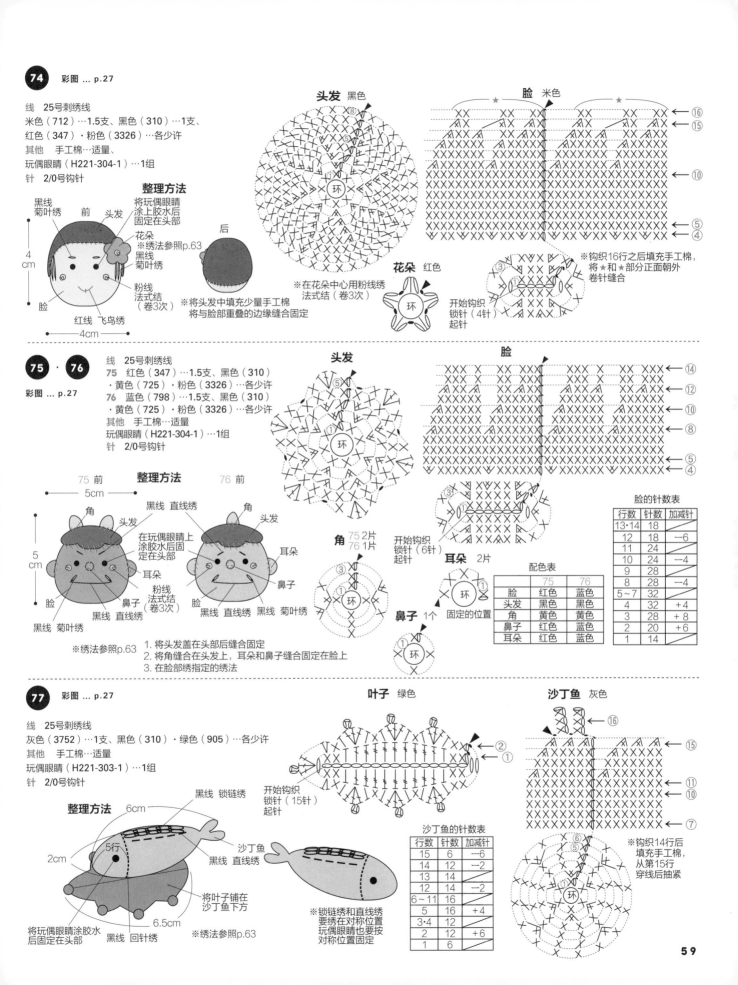

74 彩图 ... p.27

线　25号刺绣线
米色（712）…1.5支、黑色（310）…1支、
红色（347）·粉色（3326）…各少许
其他　手工棉…适量、
玩偶眼睛（H221-304-1）…1组
针　2/0号钩针

整理方法

黑线
菊叶绣　前　头发
将玩偶眼睛
涂上胶水后
固定在头部
花朵
※绣法参照p.63
黑线
菊叶绣
粉线
法式结
（卷3次）
4cm
脸
红线 飞鸟绣
—4cm—

后
※将头发中填充少量手工棉
将与脸部重叠的边缘缝合固定

头发 黑色

脸 米色
※钩织16行之后填充手工棉，
将★和★部分正面朝外
卷针缝合

花朵 红色
开始钩织
锁针（4针）
起针
※在花朵中心用粉线绣
法式结（卷3次）

---

75 · 76

彩图 ... p.27

线　25号刺绣线
75 红色（347）…1.5支、黑色（310）
·黄色（725）·粉色（3326）…各少许
76 蓝色（798）…1.5支、黑色（310）
·黄色（725）·粉色（3326）…各少许
其他　手工棉…适量
玩偶眼睛（H221-304-1）…1组
针　2/0号钩针

整理方法

75 前
—5cm—
角　头发
在玩偶眼睛上
涂胶水后固
定在头部
耳朵
粉线
法式结
（卷3次）
鼻子
黑线
直线绣
5cm
脸
黑线 菊叶绣

76 前
角　头发
耳朵
鼻子
黑线
直线绣 黑线 菊叶绣
黑线
直线绣

※绣法参照p.63
1. 将头发盖在头部后缝合固定
2. 将角缝合在头发上，耳朵和鼻子缝合固定在脸上
3. 在脸部绣指定的绣法

头发

脸

角 75 2片
76 1片

开始钩织
锁针（6针）
起针

耳朵 2片

鼻子 1个
固定的位置

脸的针数表
行数	针数	加减针
13·14	18	
12	18	—6
11	24	
10	24	—4
9	28	
8	28	—4
5~7	32	
4	32	+4
3	28	+8
2	20	+6
1	14	

配色表
	75	76
脸	红色	蓝色
头发	黑色	黑色
角	黄色	黄色
鼻子	红色	蓝色
耳朵	红色	蓝色

---

77 彩图 ... p.27

线　25号刺绣线
灰色（3752）…1支、黑色（310）·绿色（905）…各少许
其他　手工棉…适量
玩偶眼睛（H221-303-1）…1组
针　2/0号钩针

整理方法
黑线 锁链绣
6cm
5行
2cm
沙丁鱼
黑线 直线绣
将玩偶眼睛涂胶水
后固定在头部
黑线 回针绣
6.5cm
将叶子铺在
沙丁鱼下方
※绣法参照p.63

叶子 绿色
开始钩织
锁针（15针）
起针

沙丁鱼 灰色
※钩织14行后
填充手工棉，
从第15行
穿线后抽紧

※锁链绣和直线绣
要绣在对称位置
玩偶眼睛也要按
对称位置固定

沙丁鱼的针数表
行数	针数	加减针
15	6	—6
14	12	—2
13	14	
14	14	—2
6~11	16	
5	16	+4
3·4	12	
2	12	+6
1	6	

钩针编织基础

符号图的表示方法

本书符号图均以正面视角呈现以日本工业规格（JIS）为标准。
符号图中并没有正针和反针的区别（引拔针除外），
即使是正反两面交换钩织的平针情况下，符号图的表示也是一样的。

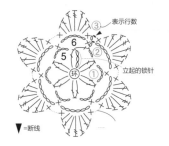

从中心
向外钩织环形时

绕一个线圈（或钩锁针）作为圆心，逐行钩织圆形。各行从同一位置开始钩织。基本上，这一类型的符号图都以正面为准，按照逆时针方向钩织。当位于同一圈的钩织符号相距较远时，中间用虚线连接。

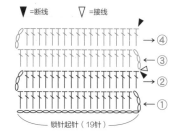

▼ =断线　　▽ =接线

锁针起针（19针）

片织的情况

如果从右侧起针，要将正面朝向自己，按照从右至左的顺序钩织。如果从左侧起针，要将反面朝向自己。图示为在第3行根据配色进行换线。

线和针的拿法

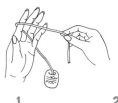

1 将线穿过左手的无名指和小拇指之间，然后将线绕在食指上，置于前侧。

2 用大拇指和中指捏住线头，食指挑起线，让线绷紧。

3 用大拇指和食指握住钩针，将中指轻轻抵住钩针头。

基本针的起针方法

1 将钩针按箭头方向旋转1圈。

2 将线挂在针上。

3 针钩住线，从线圈拉出（朝向自己方向）。

4 拉紧线头，将针圈收紧，这样就完成基本针了（此针不算作1针）。

起针

从中心开始进行
环形钩织时
（绕线作环起针）

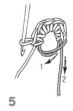

1 将线在左手食指上绕2圈，做成线圈。

2 将手指上的线圈取下来，插入钩针，然后在针头挂线，如箭头方向引出。

3 继续在钩针上挂线引出，这样就完成了1针立起的锁针。

4 第1行，将针插入线圈，钩适当针数的短针。

5 将钩针抽出，将中心线圈抽紧。

6 第1行钩织到最后，将钩针插入到起针的短针顶部，再在钩针上挂线，将线引出。

从中心开始进行环形钩织时
（锁针作环起针）

1 钩织适当针数的锁针，将针插入最开始的1针的半针处，如图将线引出。

2 针头挂线，将线引出，这样就钩好了1针立起的锁针。

3 将针插入锁针环中，如图钩织适当的针数将锁针环包起来。

4 第1行钩织到最后，将钩针插入到起针的短针顶部，再在钩针上挂针，之后将线引出。

片织时

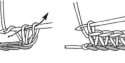

1 钩织适当数目的锁针和立起的锁针，将钩针插入从立起的锁针往下数第2针锁针的半针内，挂线后引出。

2 在针头挂线，按照箭头所示方向将线引出。

3 这样就钩好第1行了（立起的锁针不算作1针）。

锁针的表示方法

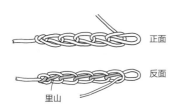

正面

反面

里山

锁针有正反两面。
反面的中央伸出的一根线，
被称为锁针的里山。

在前行挑针的方法

 在1个针脚中钩织

1　2

 将锁针整束挑起钩织

1　2

根据符号图解，即使是相同的枣型针，其挑针方法也不尽相同。符号下方呈封闭状态时，
在前行的针脚里挑针钩织，符号下方呈开口状态时，将前行的锁针整束挑起进行钩织。

钩织针法符号

⬭ 锁针

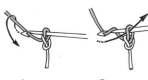

5针

1　起针，然后在针头挂线。

2　将线引出，完成1针锁针。

3　重复步骤1、2，然后继续钩织。

4　5针锁针完成。

⬬ 引拔针

1　将钩针插入前行的针脚中。

2　在针头上挂线。

3　将线一次性引出。

4　1针引拔针完成。

✕ 短针

1　将钩针插入前行的针脚中。

2　针头挂线，将线圈朝自己方向引出。（这个状态为 未完成的短针）

3　针头再次挂线，将2个线圈一起引拔。

4　1针短针完成。

T 中长针

1　针头挂线，将针插入上一行的针脚中，将线挑起。

2　继续在针头挂线，然后朝自己方向引出。（这个状态为未完成的中长针）。

3　继续在针头挂线，将3个线圈一起引出。

4　1针中长针完成。

╪ 长针

1　在针头挂线，将钩针插入前行的针脚中，继续在针头挂线，然后将线圈朝自己方向引出。

2　根据箭头所示，在针头挂线，将2个线圈引拔。（钩出状态为未完成的长针）。

3　再一次在针头挂线，将剩下2个线圈如箭头所示引出。

4　1针长针完成。

╪ 长长针　　╫ 三卷长针　　※（ ）内为钩织三卷长针的情况

1　在针头挂2次（3次）线，然后将针插入前行的针脚内。再次挂线，然后将线圈朝自己方向引出。

2　按箭头所示方向在针头挂线，引拔穿过前2个线圈。

3　重复步骤2共2次（3次）。※第1（2）次完成时的状态称为未完成的长针（未完成的三卷长针）。

4　1针长长针（三卷长针）完成。

短针1针分2针

短针1针分3针

1 钩织1针短针。

2 将针插入同一针脚里，将线引出，继续钩织短针。

3 短针1针分2针完成。在同一针中再钩1针短针。

4 再钩织1针短针，即3针短针，比前一行多了2针。

短针2针并1针

1 按箭头所示方向将钩针插入前一行的1针中，将线引出。

2 下一针也以同样方式挂线引出。

3 在针头挂线，按箭头所示方向将3个线圈一次引拔。

4 短针2针并1针完成。比前一行少了1针。

长针1针分2针

※2针以外的针数和长针以外的针法均以相同要领按指定针数和指定符合钩织。

1 在钩织了1针长针的同一针里再钩织1针长针。

2 在针头挂线，将2个线圈引拔出。

3 再一次挂线，将剩余的2个线圈也引拔出。

4 在同一针上钩织了2针长针的样子。与前一行比增加了1针。

长针2针并1针

※2针以外的针数均以相同要领按指定针数钩织未完成的长针，在针头挂线，将线圈一次性引拔。

1 将前行的1针中钩织1针未完成的长针，按照箭头方向将针插入下一针中，再将线引出。

2 在针头挂线，将2个线圈引拔，钩织第2针未完成的长针。

3 继续在针头挂线，按箭头方向将3个线圈一起引拔。

4 长针2针并1针完成。比上一行少了1针。

锁针3针的狗牙拉针

※针数为3针以外的情况，将步骤1中锁针的针数变为指定的针数以同样方法钩织。

1 钩织3针锁针。

2 同时挑起短针的顶部半针和底部的1根线。

3 在针头挂线，如箭头所示方向一次引拔。

4 锁针3针的狗牙拉针完成。

长针3针的枣形针

※针数为3针和针法为长针以外的枣形针，以同样要领钩织指定针数的未完成针，在针头上挂线，将线圈引拔。

1 在前行针脚内入针，钩1针未完成的长针。

2 在同一针脚内插入钩针，继续钩织2针未完成的长针。

3 继续在针头挂线，将剩余的4个线圈一起引拔。

4 长针3针的枣形针完成。

外钩长针

※长针以外针法的外钩针，以相同要领按步骤1的方式入针，按指定针法符号钩织。

1 在针头挂线，在上一行长针针脚处按箭头所示方向从正面插入钩针。

2 挂线，将线稍稍拉长后引出。

3 再次挂线，一次将2个线圈引拔。同一步骤重复1次。

4 1针外钩长针完成。

内钩长针

※长针以外针法的内钩针，以相同要领按步骤1的方式入针，按指定针法符号钩织。

1 在针头挂线，在上一行长针针脚处按箭头所示方向从反面插入钩针。

2 挂线，按箭头所示方向从反面将线引出。

3 将线稍稍拉长再次挂线，一次将2个线圈引拔。同一步骤重复1次。

4 1针内钩长针完成。

╳ 短针的条纹针

※ 短针针法以外的条纹针，也按同一要领挑起前一行针脚的外侧半针按指定针法符号钩织。

1
每一行都在正面（朝向自己）钩织。钩完1圈后在最初的针上引拔。

2
钩1针锁针作为起立针，挑起前行针脚的外侧半针，继续短针钩织。

3
重复步骤2，继续钩织短针。

4
前1行留下的内侧半针呈现条纹状，图中为钩织了3圈短针条纹针时的状态。

╳ 短针的棱针

※ 短针针法以外的棱针，也按同一要领挑起前1行针脚的外侧半针按指定针法符号钩织。

1
按照箭头方向将针插入前行的外侧半针。

2
钩织短针，下一针也同样是插入前行的外侧半针。

3
钩织到行尾，然后换方向钩织下一行。

4
按照步骤1、2相同的方法将针插入外侧半针，然后钩织短针。

🮲 长针5针的枣形针

1
在前行的同一针里，钩织5针长针，然后暂时将针从线圈退下，再按照箭头所示方向重新插入。

2
将线圈朝自己方向引拔。

3
钩1针锁针，然后收紧。

4
长针5针的枣形针完成。

刺绣基础

回针绣

直线绣
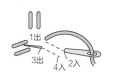

法式结
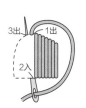

菊叶绣

缎绣

轮廓绣
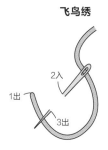

锁链绣

飞鸟绣

其他基础索引

原文书名：刺しゅう糸で編む季節のプチぐるみ77

原作者名：E&G CREATES

Copyright © eandgcreates 2018

Original Japanese edition published by E&G CREATES.CO.,LTD

Chinese simplified character translation rights arranged with E&G
CREATES.CO.,LTD

Through Shinwon Agency Beijing Office.

Chinese simplified character translation rights © 2019 by China Textile &
Apparel Press

本书中文简体版经E&G CREATES授权，由中国纺织出版社有限公司
独家出版发行。

本书内容未经出版者书面许可，不得以任何方式或任何手段复制、转
载或刊登。

著作权合同登记号：图字：01-2018-4326

图书在版编目（CIP）数据

刺绣线钩织的节庆迷你玩偶 / 日本E&G创意编著；
张潞慧译. -- 北京：中国纺织出版社有限公司，2019.11

ISBN 978-7-5180-6382-6

Ⅰ. ①刺… Ⅱ. ①日… ②张… Ⅲ. ①钩针—编织—
图集 Ⅳ. ①TS935.521-64

中国版本图书馆CIP数据核字（2019）第143855号

责任编辑：李 萍　　特约编辑：刘 婧　　责任校对：江思飞
装帧设计：培捷文化　　责任印制：储志伟

中国纺织出版社有限公司出版发行

地址：北京市朝阳区百子湾东里A407号楼　邮政编码：100124

销售电话：010—67004422　传真：010—87155801

http://www.c-textilep.com

中国纺织出版社天猫旗舰店

官方微博 http://weibo.com/2119887771

北京华联印刷有限公司印刷　各地新华书店经销

2019年11月第1版第1次印刷

开本：889×1194　1/16　印张：4

字数：43千字　定价：49.80元